www.steuern-aber-lustig.de

© 2021 Steuern aber lustig Verlags GmbH & Co. KG,
Römerstraße 50, 64401 Groß-Bieberau

Andreas Görlich: **Startschuss digitales Büro**

Einstieg ins papierlose Büro und ins digitale Arbeiten für Selbstständige und Kleinunternehmen

1. Auflage

Lektorat und Endkorrektorat: Dr. Lena Lindhoff

Erstkorrektorat: Jasmin Schnellbächer

Layout & technische Umsetzung: Start Communication GmbH

Covergestaltung: Martin Bauer, Bild von Adobe Stock, @kiono

ISBN Print: 978-3-944043-05-0
ISBN E-Book: 978-3-944043-06-7

Die Angaben entsprechen dem Wissensstand bei Redaktionsschluss im Januar 2021. Es wird darauf hingewiesen, dass alle Angaben in diesem Fachbuch trotz sorgfältiger Bearbeitung ohne Gewähr erfolgen und eine Haftung des Autors oder des Verlags ausgeschlossen ist.

Das Werk, einschließlich seiner Teile, ist urheberrechtlich geschützt. Jede Verwertung ohne Zustimmung des Verlags und des Autors ist unzulässig. Dies gilt insbesondere für die elektronische oder sonstige Vervielfältigung, Übersetzung, Verbreitung und öffentliche Zugänglichmachung.

Bibliografische Information der Deutschen Nationalbibliothek:

Die Deutsche Nationalbibliothek verzeichnet diese Publikation in der Deutschen Nationalbibliografie; detaillierte bibliografische Daten sind im Internet über http://dnb.d-nb.de abrufbar.

ANDREAS GÖRLICH

Startschuss digitales Büro

Einstieg ins papierlose Büro und ins digitale Arbeiten für Selbstständige und Kleinunternehmen

EINFACH | DIGITAL | STARTEN

Inhaltsverzeichnis

Vorwort

Die Begriffe „papierloses Büro" und „digitales Arbeiten" sind in aller Munde. Bei diesen Schlagwörtern bekommen viele Unternehmer leuchtende Augen, aber ein noch größerer Teil reagiert darauf eher zurückhaltend und verängstigt. Die Chancen eines digitalen Büros werden gerne marktschreierisch angepriesen und ein goldenes Zeitalter für die Büroarbeit prophezeit. Der Haken: Die Anleitung, wie die konkrete Umsetzung für Selbstständige und kleine Unternehmen aussieht, wird nicht mitgeliefert. Bei vielen Unternehmern ist der Wille zu mehr Digitalisierung im Büro vorhanden, doch bleibt der konkrete Umsetzungsprozess nebulös. Die Folge: Papier und analoge Arbeitsprozesse dominieren weiterhin den Büroalltag.

Mit diesem Ratgeber erhalten Sie einen Starthelfer für den Einstieg ins digitale Arbeiten und in Ihr papierloses Büro. Sie werden Schritt für Schritt lernen, das Papierchaos wie auch das digitale Wirrwarr einzudämmen und die steigende Informationsflut zu meistern. Das digitale Arbeiten bietet Chancen wie Vereinfachung, Flexibilität, Mobilität und höhere Produktivität. Betrachten Sie diesen Ratgeber wie ein reichhaltiges Buffet, an dem Sie sich nehmen, was Ihnen schmeckt. Egal, ob Sie das digitale Büro vollständig umsetzen oder nur ein Stückchen digitaler werden wollen.

Beachten Sie:

Nur durch das Lesen eines Ratgebers werden Sie nicht digitaler und produktiver. Das Geheimnis ist die Umsetzung. Und für die sind Sie allein verantwortlich! Es ist besser, etwas nur zu 80 Prozent umzusetzen, als überhaupt nicht!

„Done is better than perfect." (Marc Zuckerberg)

Dieser Ratgeber ist der ambitionierte Versuch, Ihnen die komplexe Welt des digitalen Arbeitens leicht verständlich, kompakt und praxisnah näherzubringen. Bei der Auswahl der Themen gerät man zwangsläufig in ein Dilemma: Es gibt unendlich viel Interessantes und Nützliches, aber ebenso viel, das für die Praxis wenig hilfreich ist. Was also erwähnen, was weglassen? Aus dieser Themenbreite habe ich ausgewählt, was sich in meiner Erfahrung aus der Steuerberaterpraxis und Dozententätigkeit für Selbstständige und Kleinunternehmen als wichtig und typisch erwiesen hat. Mein Anspruch beim Schreiben war, einen Helfer aus der Praxis für die Praxis zu schaffen, nach dessen Lektüre Sie wissen, worauf es ankommt!

Für dieses Büchlein erhalte ich möglicherweise keinen wissenschaftlichen Ritterschlag, aber wenn ich Ihnen helfen kann, digitaler und produktiver zu arbeiten, dann ist das eine angemessene Wertschätzung meiner Arbeit.

Sagen Sie jetzt „Tschüss" zum Papier- und Datenchaos und „Hallo" zum digitalen Arbeiten! Managen Sie künftig souverän Ihren Bürokram, statt von Papierbergen und Datenchaos gemanagt zu werden, und gewinnen Sie so mehr Zeit für die wirklich wichtigen Dinge.

Viel Spaß beim Lesen!

Ihr Andreas Görlich

Für Anregungen, Kritik und Fragen bin ich immer offen – schreiben Sie mir unter hallo@steuern-aber-lustig.de.

Übrigens: Wenn in diesem Buch von Unternehmern oder Mitarbeitern die Rede ist, sind damit selbstverständlich Personen jeglichen Geschlechts gemeint; zugunsten des Leseflusses habe ich mich aber gegen das „Gendern" entschieden.

Alle genannten Vorlagen und Anleitungen finden Sie zum Download auf startschuss-digital.de.

Teil I:
Einführung in das digitale Arbeiten

In diesem Teil erfahren Sie ...

» wie Sie das „Zehnkämpfer"-Dasein als Unternehmer durch Training in Organisations- und Selbstmanagement besser bewältigen

» wie Sie mit dem richtigen Mindset und guter Planung zum Smartdi werden, statt als DigiZombie zu enden

| Eine Anmerkung vorab:

Ja, auch ein papierloses Büro kommt nicht ganz ohne Papier aus. Auch in absehbarer Zeit wird es nicht zu 100 % papierlos gehen – das Ziel ist deshalb, eher ein „papierarmes" Büro umzusetzen und die Vorteile des digitalen Arbeitens für Ihr Unternehmen zu nutzen.

Sind Sie bereit?
Dann auf die Plätze, PAPIER – LOS!

„Eine Investition in Wissen bringt noch immer die besten Zinsen.“

~ BENJAMIN FRANKLIN ~

Ordnung ist das halbe Leben – ich lebe in der anderen Hälfte

„Das Genie beherrscht das Chaos", so lautet ein Zitat des genialen Albert Einstein. Vielleicht leben Sie ja in der anderen Hälfte und denken: „Das Papier- und Datenchaos stört mich nicht. Ich brauche keine Ordnung, denn bislang habe ich alles in meinem Chaos wiedergefunden." Dass Sie auch ohne Ordnung durch das Leben kommen, mag theoretisch richtig sein. Die eigentliche Frage ist aber: „Wie **gut** kommen Sie damit durchs Leben?" Besser geht immer!

Auch wenn Sie den ganzen „Bürokram" mehr als lästig finden, die Vogel-Strauß-Technik – Kopf in den Sand stecken und abwarten – ist keine Lösung.

Wachsende Papierberge, überquellendes E-Mail-Postfach, Chaos in den Dateiordnerstrukturen oder ein vollgekachelter Desktop – das alles verdirbt über kurz oder lang nicht nur die Arbeitsfreude, sondern hemmt auch die Produktivität und verursacht Stress. Papier- und Datenchaos senden an Ihr Unterbewusstsein eine Botschaft: „Achtung, Arbeit!". Je mehr Stapel und E-Mails sich türmen, desto mehr unterschwellige Botschaften prasseln auf Ihr Unterbewusstsein ein: „Arbeit!", „Mehr Arbeit!", „Ganz viel Arbeit!". Und am Ende des Tages nehmen Sie die Botschaft „Ganz viel Stress!" mit nach Hause. Freier Kopf? Erholung? Fehlanzeige! Also: Ordnung halten lohnt sich, um Frust und Stress vorzubeugen.

Unternehmer sein = Zehnkämpfer sein

Als Unternehmer sind Sie gut vergleichbar mit einem Zehnkämpfer. Ein Zehnkämpfer muss rennen, springen und werfen können.

Auf der einen Seite ist Schnelligkeit gefragt – beim 100-Meter-Sprint. Auf der anderen Seite Ausdauer im Langstreckenlauf oder Technik beim Stabhochsprung. Auch in Ihrem Unternehmeralltag müssen Sie viele Disziplinen absolvieren.

> Als Unternehmer reicht es nicht aus, nur in einer Disziplin spitze zu sein. Sie müssen vielmehr in vielen Disziplinen fit sein, um es auf das berühmte Siegertreppchen zu schaffen.

Nur ein Meister seines Fachs zu sein, genügt nicht, um erfolgreich zu sein. Sie müssen auch den „Bürokram" beherrschen – egal, ob analog oder digital. Wenn ein Zehnkämpfer regelmäßig Kraftübungen durchführt, dann hat das nicht nur positive Auswirkung auf eine Disziplin, sondern überdisziplinäre Effekte. Er kann dann nicht nur den Speer weiter werfen, sondern auch die Kugel weiter stoßen oder weiter springen. Genauso ist es, wenn Sie sich als Unternehmer regelmäßig darin üben, in Ihrem Büro Ordnung zu halten. Sie werden positive Auswirkungen auf alle Ihre unternehmerischen Disziplinen erleben. Eine klare und ordentliche Organisations- und Ablagestruktur in Ihrem Büro spart Zeit und ist die zentrale Grundlage für ein effektiveres Arbeiten. Sie hilft Ihnen, den Fokus auf die wichtigsten Dinge zu legen, die den Großteil Ihrer Ergebnisse bringen, und verschafft Ihnen die Übersicht, unwichtige Dinge wegzulassen, die Ihnen Zeit und Nerven rauben.

Wie Sie sich vom DigiZombie zum Smartdi wandeln

Das Überangebot an Technik und die Geschwindigkeit des digitalen Wandels werden zunehmend zum Problem. Für alles gibt es Apps und digitale Lösungen, sogar für Probleme, die es gar nicht gibt. Und jede App behauptet von sich, besser und einfacher bedienbar zu sein als das Konkurrenzprodukt. Da verliert man leicht die Kontrolle über die Technik, die eigentlich entwickelt wurde, um die Arbeit zu erleichtern. Smartphone, E-Mails, Apps werden für viele von uns nicht zu Werkzeugen, die das Leben vereinfachen, sondern eher zu Produktivitätskillern.

Vermeiden Sie, ein DigiZombie zu werden! Mit DigiZombie (digitaler Zombie) sind Unternehmer gemeint, die dem Digitalisierungstrend mit kritiklosem Gehorsam folgen. Getrieben von dem Gedanken „Digitalisierung, koste es, was es wolle" werden willenlos die neusten Apps und Tools gekauft, um viel Geld und Zeit zu verplempern und am Ende noch mehr beschäftigt zu sein, aber keineswegs produktiver. Technik ist Fluch und Segen zugleich. Ob Technik letztlich Fluch oder Segen ist, hängt davon ab, wie wir damit umgehen. Lassen Sie sich nicht durch den Irrglauben fernsteuern: „Nur wer digital ist, ist auch produktiv." Nach der Studie „Digitale Überforderung im Arbeitsalltag" von Sopra Steria Consulting arbeitet jeder Fünfte mit digitalen Tools weniger konzentriert und effektiv. Die Digitalisierung soll die Arbeit erleichtern. Werden Sie ein **Smartdi** (smarter digitaler Anwender), statt als willenloser Untoter in virtuellen Welten herumzugeistern. Wenden Sie Technik smart an, indem Sie sich vorab über den „gesunden" Umgang mit den neuen Technologien Gedanken machen. Nicht das Tool ist die Lösung, sondern die Frage, wie wir die digitalen Möglichkeiten am besten nutzen. Behalten Sie immer das Ziel im Auge und finden Sie maßgeschneiderte Lösungen, die smart und effizient zu Ihrem Erfolg beitragen. Digitalisierung ist ein Teil dieser Lösung, sie muss aber nicht zwingend die einzige Lösung sein. Ihr Unternehmen wird immer aus einem Mix verschiedener Arbeitstechniken und Prozesse bestehen, die digital und analog umgesetzt werden. Und: Weniger Technik ist mehr. Der bunte Blumenstrauß an technischen Spielereien, die ständig um unsere Aufmerksamkeit buhlen, lenkt uns ab und hemmt die Produktivität. Trennen Sie sich von überflüssiger Technik und fokussieren Sie sich auf eine kleine Zahl sorgfältig ausgesuchter Tools, die Ihren Büroalltag bereichern. Digitaler Minimalismus, auch Singletasking genannt, ist die Devise.

Produktivitätstipp: Singletasking

Multitasking ist ein Produktivitätskiller. Unser Gehirn kann sich nur sehr begrenzt auf mehrere Dinge gleichzeitig konzentrieren. Multitasking bedeutet nicht, mehr zu schaffen, indem Sie viele Aufgaben zur selben Zeit bearbeiten, sondern vielmehr, von einer Aufgabe zur nächsten zu springen, ohne dabei eine Aufgabe erfolgreich abzuschließen. Jedes Mal, wenn Sie Ihre Arbeit unterbrechen, um von einer Aufgabe zur anderen zu wechseln, verlieren Sie Ihren Fokus und brauchen immer wieder Einarbeitungszeit, um zu wissen, wo Sie vorher aufgehört haben. Am Ende haben Sie mehrere Dinge schlecht statt eine Arbeit besonders gut gemacht – zudem ist das ständige Hin- und Herspringen auf vielen Baustellen anstrengend und stressig.

Praktizieren Sie Singletasking:
Erledigen Sie immer nur EINE einzige Aufgabe gleichzeitig! Unterm Strich erledigen Sie so mehr Aufgaben in einer besseren Arbeitsqualität hintereinander und bleiben beim Arbeiten entspannter.

Neu denken: das richtige Mindset entwickeln!

„Das haben wir schon immer so gemacht" ist auch in kleinen Unternehmen ein beliebter Satz. Mit dem Tagesgeschäft sind Sie oft ausgelastet, **Zeit zum Entwickeln neuer Ideen** erscheint nicht selten als Luxus. Das ist nicht die Basis für den Einstieg ins digitale Arbeiten. Wie gelingt Ihnen die erfolgreiche Umstellung? Das richtige Mindset ist besonders wichtig! **Kennen Sie das eigene „Warum" fürs digitale Büro?** Das heißt: Sie müssen erst einmal die eigenen Beweggründe kennen, warum Sie die Arbeitsabläufe verändern möchten (zum Beispiel schnellere Arbeitsprozesse). Das ist jedoch nur der erste Schritt. Denn im nächsten Schritt gilt es, eventuelle Mitarbeiter davon zu überzeugen, welche Vorteile ein papierloses Büro mit sich bringt. Idealerweise sollten die Mitarbeiter auch nicht vor vollendete Tatsachen gestellt werden. Beziehen Sie sie aktiv in den Prozess ein. Beachten Sie dabei vor allem folgende Punkte:

Die eigene Überzeugung

Nur wenn Sie persönlich dahinterstehen und mit gutem Beispiel vorangehen, können Sie andere vom digitalen Büro überzeugen. **Die Umstellung von Papier auf digitale Daten verändert nicht nur Arbeitsabläufe, sondern auch menschliche Beziehungen.** Und spätestens dann stehen Menschen Neuem erst einmal kritisch gegenüber. Wenn Sie auf der Beziehungsebene auf taube Ohren stoßen, kommen Sie mit Sachargumenten nicht weiter. **Kommunikation** ist einer der wesentlichen Punkte, wenn Sie erfolgreich digitalisieren wollen. Besprechen Sie Ihr Vorhaben auf Augenhöhe. Begegnen Sie möglichen Befürchtungen argumentativ, statt sie abzutun oder unbeantwortet im Raum stehen zu lassen. Seien Sie persönliches Vorbild und zeigen Sie Ihren Mitarbeitern, wie Technologie den Arbeitsalltag vereinfachen kann! Denn es bringt wenig, wenn der Chef die Mitarbeiter dazu verdonnert, weitestgehend auf Papier zu verzichten, selbst aber jeden Tag einen Papierkorb voll Notizen auf Schmierzetteln produziert.

Schritt für Schritt das eigene Tempo gehen

Der Abschied vom Papier gelingt selten von heute auf morgen. Gehen Sie die Umstellung nicht wie einen 100-Meter-Sprint an, denn dann geht Ihnen ganz schnell die Luft und Lust aus. Sehen Sie das Ganze vielmehr als einen Marathon, fangen Sie langsam an und gehen Sie Schritt für Schritt Ihr eigenes Tempo bis zum Ziel. Werden die Arbeitsabläufe komplett von jetzt auf gleich umgekrempelt, sind damit nicht nur die Mitarbeiter, sondern auch Sie als Chef überfordert. Denn es ist schwierig, Gewohnheiten, die sich über Monate oder Jahre hinweg manifestiert haben, von heute auf morgen zu ändern. Das führt nur zu unnötiger Frustration und hat letztlich zur Folge, dass der Umstellungsprozess über kurz oder lang ausgebremst wird. Eine allmähliche Umstellung nimmt dem Vorgang viele Schrecken und erhöht die Akzeptanz der Beteiligten, die Veränderungen an ihrem Arbeitsplatz zunächst einmal ablehnend gegenüberstehen. Zumal die Umstellung vermutlich neben den Alltagsaufgaben noch zusätzlich gestemmt werden muss. Außerdem sind weniger Fehler in Planung und Durchführung zu erwarten, wenn Schritt für Schritt vorgegangen wird statt mittels einer Hauruckaktion. Eine erfolgreiche Transformation zum papierlosen Office geht schrittweise!

Digitalisierung ungleich Effizienz

Digitalisierung ist per se nicht nur smart – wie so oft im Leben gibt es auch hier eine Kehrseite der Medaille und nicht alles ist Gold, was glänzt. Verfallen Sie nicht in eine Digitalisierungswut, indem Sie versuchen, um jeden Preis alles zu digitalisieren. Im Fokus sollten immer schlanke, effiziente und smarte Arbeitsprozesse stehen. **Sehen Sie die Digitalisierung als Buffet!** Wählen Sie nur das aus, was Ihre persönliche Arbeitsweise und Ihre individuellen Betriebsprozesse nach vorne bringt – was Ihnen nicht „schmeckt", lassen Sie liegen. Das bedeutet: Wenn Sie bestimmte Aufgaben bislang effizient analog erledigt haben, müssen Sie diese Aufgaben nicht zwingend digitalisieren. Technischer Fortschritt um des Fortschritts willen ist Unsinn, wenn sich Ihr Betrieb dadurch Nachteile einhandelt. Konzentrieren Sie sich stattdessen auf jene analogen Aufgaben, die Sie weniger effizient erledigen! Sortieren Sie aus, was Ihrem Unternehmen nichts nützt, und behalten Sie, was einen Vorteil verspricht. Es geht um effizientes Arbeiten und nicht um Digitalisierung auf Teufel komm raus!

Digitale Welt, analoge Probleme

Wenn Sie sich Digitalisierung auf die Fahne schreiben, verschwinden die alten Probleme aus der Papierwelt nicht automatisch. Probleme aus Ihrer Papierwelt pflegen sich in der digitalen Welt fortzusetzen – dann wird die Papierflut zur Datenflut und der Papierberg zum überquellenden E-Mail-Postfach. Chaos in den Dateiordnerstrukturen und unklare Dateinamen führen im digitalen Office genauso zu Unordnung und ineffizienten Arbeitsprozessen wie im analogen Büro. Die Digitalisierung allein ist kein Heilmittel. Ein gutes Selbstmanagement ist der Schlüssel, um zu verhindern, dass alte Gewohnheiten in die digitale Welt transferiert werden. Sonst haben Sie in naher Zukunft überlaufende E-Mail-Postfächer, sich anhäufenden Datenmüll, unübersichtliche Ordnerstrukturen, chaotische Dateinamen ohne Hoffnung auf Wiederfinden. Das kann keiner wollen – damit gehen die alten Missstände einfach nur in die nächste Runde, statt abgelöst zu werden.

Beachten Sie:

Mit der Digitalisierung verschwinden nicht ganz automatisch alle Probleme der analogen Welt. Nur das richtige Organisations- und Selbstmanagement sorgt in der Papierwelt wie in der digitalen Welt für Ordnung und Struktur im Büro.

Digitale Verschnaufpausen

Laut einer Umfrage würden 45 % der Befragten bei einem Brand ihr Handy eher retten als ihre Katze und 91 % schlafen neben ihrem Handy. Und noch eine Zahl: Im Durchschnitt schauen wir jeden Tag 150-mal auf unser Handy. Zahlen, die uns zum Nachdenken bringen sollten. Die moderne Technik ist etwas Großartiges. Doch sie klingelt, pusht, summt oder blinkt rund um die Uhr – Smartphone und E-Mails diktieren Ihren Arbeitsalltag. Die Möglichkeiten der Technik lassen die Grenzen zwischen Ruhe- und Arbeitsphasen verschwimmen. Wer ständig in Alarmbereitschaft ist, sollte die digitale Welt hin und wieder verlassen.

Die Gesundheit kann unter zu viel Bildschirmzeit leiden: Gereizte Augen, Verspannungen, Stress, Einschlafstörungen, Konzentrationsschwierigkeiten oder Bewegungsmangel sind nur einige gesundheitsschädliche Folgen. Gönnen Sie sich Ihre Offlinephasen, in denen Sie Smartphone, Computer und Tablet ganz bewusst einfach mal abschalten – und mentale Frische tanken. Wenn Sie konzentriert und effektiv arbeiten möchten, sollten Sie zwischendurch ganz bewusst offline gehen und die Verbindungen zur digitalen Welt kappen. Das wird mit dem Ausdruck „Digital Detox" umrissen. Zum Ausgleich brauchen Sie eine Freizeit, in der Sie auch mal auf Computer, Tablet und Smartphone verzichten. Alles, was attraktiv ist und zum **Aus- und Abschalten** animiert, ist ein Ausprobieren wert.

Schluss mit Smombie!

Der Begriff ist eine Mischung aus Smartphone und Zombie. Damit sind jene Leute gemeint, die – auf ihr Display starrend – durch die Gegend laufen, ohne ihr Umfeld links und rechts wahrzunehmen. Gehen Sie stattdessen mit offenen Augen durch das Leben und nehmen Sie Ihre Umwelt bewusst wahr. Durch den ständigen Blick aufs Smartphone fallen uns die kleinen Schönheiten im Leben oft gar nicht mehr auf – dabei gibt es in der realen Welt so viel Schönes zu entdecken.

5 Tipps zur „digitalen Verschnaufpause“

1. Stehen Sie während der Bildschirmzeit alle 30 Minuten auf, gehen Sie zum Fenster, öffnen Sie es, schauen Sie in die Ferne und atmen Sie eine Minute lang tief durch.
2. Sorgen Sie für Bewegung: Arbeiten Sie im Stehen, machen Sie kurze Büro-Workouts, nehmen Sie die Treppe statt des Aufzugs, machen Sie in der Mittagspause einen Spaziergang, statt vor dem Bildschirm zu essen.
3. Schalten Sie die Push-Nachrichten von Apps aus, checken Sie E-Mails, *WhatsApp*, *Facebook* & Co. nur 2- bis 3-mal am Tag.
4. Vermeiden Sie eine Stunde vor dem Schlafengehen Bildschirmzeit – das blaue Licht der Monitore und Displays stört den natürlichen Tag-Nacht-Rhythmus des Körpers und hält Sie nachts vom Schlafen ab. Aktivieren Sie abends den Nachtmodus, damit Ihr Bildschirm wärmere Farben anzeigt, die angenehmer für Ihre Augen sind und Ihren Schlaf nicht stören. Verbannen Sie alle digitalen Geräte aus Ihrem Schlafzimmer.
5. Digital-Detox-Apps: Für jeden Zweck gibt es eine App. Kurioserweise gibt es auch Apps, die helfen sollen, die Bildschirmzeit einzuschränken: *Quality Time, Moment* oder *Offtime.*

Die Vor- und Nachteile eines digitalen Büros

Ob Einzelhändler, Handwerker oder Start-up: Ein papierloses Büro bietet Unternehmen in jeder Größe und jeder Branche Vorteile. Doch wie so häufig im Leben und im Geschäftsalltag gibt es nicht nur Vorteile, sondern auch Nachteile. Letztlich gilt es abzuwägen, ob es mehr Vor- oder Nachteile für das eigene Unternehmen gibt. Blicken wir zunächst auf die Vorteile:

Vorteile des papierlosen Büros

1. Sie haben immer Zugriff auf Ihre Dateien

Ob auf dem Smartphone, Tablet oder PC: Mit einem papierlosen Büro haben Sie immer und jederzeit Zugriff auf Ihre Dateien – zu Hause, im Büro und unterwegs! Sie sind auf dem Weg zum Meeting und haben ein wichtiges Dokument vergessen? Kein Problem! Suchen Sie es einfach in Ihrer Cloudlösung und schon haben Sie es griffbereit. In einem papierlosen Büro speichern Sie alle Dokumente in einer zentralen Ablage. Diese Ablage funktioniert wie ein gut organisierter Aktenschrank, der alle Dokumente digital aufbewahrt.

2. Sie können Ihre Dateien schneller finden

Papierdokumente sind oftmals schwer aufzuspüren. Schnell können wichtige Belege oder Rechnungen verloren gehen, falsch abgelegt oder versehentlich weggeschmissen werden. Digital abgelegte Dokumente können Sie einfach mit einer Suchfunktion wie bei Google finden. Statt sich auf eine mühsame manuelle Suche nach einem Dokument in einem vergrabenen Ordner zu begeben, finden Sie Dateien ab sofort mit nur einem Klick!

3. Effizientere Teamarbeit

In einem papierlosen Büro können Sie und Ihre Mitarbeiter besser zusammenarbeiten. Durch das digitalisierte Datenarchiv und die modernen Kommunikationsmöglichkeiten können Sie sich jederzeit vernetzen und gemeinsam an Projekten arbeiten. Sie können zum Beispiel

- jederzeit mit Ihren Mitarbeitern kommunizieren und auf dem neuesten Stand bleiben,
- das „Work in Progress" mit einem Klick an Teammitglieder schicken und Feedback einholen
- oder Notizen im Meeting umgehend weiterleiten.

Alle diese Punkte beschleunigen Ihre Arbeitsabläufe. Dank einer zentralen Ablage können alle Teammitglieder des digitalen Büros jederzeit auf aktuelle Dateien und Projektstände zugreifen.

4. Besserer Kundenservice

Die Digitalisierung beschleunigt nicht nur Arbeitsabläufe. Sie können auch Ihren Kundenservice verbessern – und Außendienst- oder Servicemitarbeitern zum Beispiel die Möglichkeit bieten, während des Kundengesprächs jederzeit relevante Daten abzurufen. Ihre Mitarbeiter können Kundenanliegen besser bearbeiten, weil sie mit einem Klick auf die gesuchten Informationen zugreifen können.

5. Sie haben Ihre Dateien sicher verwahrt

Viele digitale Softwarelösungen verfügen über fortschrittliche Sicherheitsfunktionen, damit Ihre Dateien sicher verwahrt sind. Digitale Daten sind damit besser gesichert, als analoge Aktenschränke es je könnten.

6. Sie sparen Geld

Sie sparen Ausgaben für Papier, Drucker, Tinte und Porto, Bürofläche für Akten und Arbeitszeit Ihrer Mitarbeiter für die Verwaltung des papierreichen Büros.

7. Sie sparen Platz

Papier, Ordner und Aktenschränke nehmen viel Platz ein. Häufig stapeln sich Dokumente und Akten schneller, als man sie sortieren und organisieren kann.

In einem papierlosen Büro können Sie alle Dokumente entweder auf einem firmeninternen Server oder in der Cloud speichern. So brauchen Sie weniger Platz im Büro und genießen einen aufgeräumten und übersichtlichen Arbeitsalltag.

8. Sie schonen die Umwelt

Die Papierherstellung führt zu Treibhausgasen, die zur Entwaldung und globalen Erwärmung beitragen. Recycling kann zwar einen Teil der Umweltauswirkungen ausgleichen, aber nicht viel. Das meiste Papier landet auf der Mülldeponie – zudem enthalten Tinte und Toner Chemikalien und Stoffe, die der Umwelt schaden. Mit einem papierlosen Büro reduzieren Sie den Papierverbrauch und entlasten die Umwelt.

Nachteile des papierlosen Büros

Gibt es einen Haken beim papierlosen Büro? Den gibt es. Wie alles im Leben hat auch das papierlose Büro zwei Seiten. Über folgende Nachteile bzw. Risiken sollten Sie Bescheid wissen:

1. Bereitschaft zur Veränderung

Wird das papierlose Büro eingeführt, erfordert das von Unternehmern und Mitarbeitern Einsicht in die Notwendigkeit der Neuerung, ein Stück Mut zur Veränderung und zumindest in der Einführungsphase einiges an Disziplin. Zudem muss eine gewisse Affinität zum IT-Bereich gegeben sein.

2. Umstellungsaufwand

Die Phase der Umstellung bringt mitunter einen erheblichen Arbeitsaufwand mit sich. Bis das papierlose Büro tatsächlich umgesetzt ist, müssen die Unternehmen oft einen wahren Kraftakt leisten. Deshalb ist das absolute A und O für eine gelungene Umsetzung eine gute Planung. Daneben fallen Kosten für die Büroausstattung und -technik an.

3. Abhängigkeit von der Technik

Sie machen sich von der Technik abhängig. Wenn alles digital gespeichert ist, kann ein System abstürzen und Informationen können verloren gehen. Außerdem sind Stromausfälle oder Probleme mit Computern oder Internet-Servern möglich.

Auch Hackerangriffe sind eine reale Gefahr. 2019 registrierte die Deutsche Telekom bis zu 46 Millionen Cyberangriffe an einem Tag – zum Beispiel durch Ransomware, Trojaner oder Spyware.

Die gute Nachricht: Diese Risiken können Sie leicht minimieren. Grundvoraussetzung dafür sind eine hochwertige IT-Landschaft, aktuelle Software und ein guter Virenschutz.

Erstellen Sie regelmäßig Backups und sichern Sie Ihre Informationen. Wenn Sie sich an diese Vorkehrungen halten, kann wenig passieren.

4. Digitales Arbeiten ist nicht immer vorteilhaft

Nicht alle digitalen Lösungen sind sinnvoll. Die Digitalisierung hat nicht automatisch eine höhere Effizienz zur Folge. Viele Arbeitsprozesse funktionieren analog sehr gut, sind effizient aufgebaut und verlieren durch einen Umweg über Smartphone, Tablet und PC an Effizienz. Es macht keinen Sinn, jene Arbeitsprozesse, die bislang äußerst effizient abgelaufen sind, nur um der Digitalisierung willen zu digitalisieren. Digitalisierung kann Nachteile haben und nicht sinnvoll sein. Zum Beispiel sind direkte Gespräche mit Mitarbeitern oder Kunden meist produktiver, sie führen oft auch zu schnelleren Lösungen als ein „Pingpong-Spiel" über digitale Kommunikationskanäle.

Zusammenfassung Teil I

» In Teil I haben Sie gelernt, dass die Digitalisierung Ihres Büros keine wundersame Verwandlung ist, die mühelos und auf einen Schlag alle Ihre Probleme löst. Und dass hundertprozentige Papierlosigkeit nicht realistisch ist.

» Vielmehr sind Ihr Verstand, Ihre Tatkraft, Ihr Kommunikations- und Organisationstalent gefragt. Damit Sie nicht als DigiZombie enden, der sein Papierchaos in ineffizientes Digitalchaos verwandelt hat, sollten Sie sich folgende Fragen beantworten:

  ☑ Wo genau macht Digitalisierung in meinem Geschäft Sinn, wo nicht? Welche konkreten Verbesserungen verspreche ich mir davon?

  ☑ Wie kann ich durch Kommunikation auf Augenhöhe mein Team mit auf diesen Weg nehmen?

» Wenn Sie das alles für sich geklärt haben, sind Sie mit dem richtigen Mindset ausgestattet, um die Veränderung in Angriff zu nehmen.

„Wenn man Digitalisierung richtig betreibt, wird aus einer Raupe ein Schmetterling.

Wenn man es nicht richtig macht, hat man bestenfalls eine schnellere Raupe."

~ GEORGE WESTERMAN ~

Teil II:
Die Ausrüstung für Ihr digitales Büro

In diesem Teil erfahren Sie …

- welche technische Ausstattung Sie brauchen – und dass komfortable, hochwertige Hardware zwar ein bisschen teurer ist, aber unterm Strich Gewinn bringt und nicht nur Arbeitszeit einspart, sondern auch Stress und Ärger
- wie Sie die speziell für Ihr Geschäft passende Software auswählen, die ihr Büro ohne Zugangsprobleme oder Systembrüche mobil macht – und dazu noch ein paar praktische Tools, an die Sie vielleicht gar nicht gedacht hätten

Das digitale Büro steht und fällt mit der richtigen Technik und Software. Wer ein papierloses Büro möchte, sollte deshalb auf hochwertige Geräte und erstklassige, passende Software setzen – ansonsten geht schnell die Motivation verloren, weil langsame Technik viel Arbeitszeit raubt. Sprich: Arbeitet die Technik zu langsam oder sind die technischen Prozesse zu kompliziert, wird dadurch unnötig Arbeitszeit gebunden, die anderweitig sinnvoller und effizienter eingesetzt werden könnte. Wenn Ihr Scanner zum Beispiel ein schlechtes Belegbild, keine Einzugsfunktion, Duplex-Funktion oder OCR-Erkennung hat, müssen Sie viel Arbeitszeit in das Scannen investieren. Das ist am Ende teurer als die Investition in einen hochwertigen und flotten Scanner.

Qualitativ hochwertige Technik und die richtige Software

- ☑ sparen Zeit,
- ☑ steigern die Motivation,
- ☑ unterstützen beim effizienten Arbeiten
- ☑ und führen zu einer Gewinnsteigerung.

Veraltete oder suboptimal angepasste Technik und ineffiziente Programme

- ☒ kosten Arbeitszeit,
- ☒ demotivieren und frustrieren,
- ☒ bringen Ausfälle mit sich
- ☒ und führen zu finanziellen Einbußen.

> Die Investition in **hochwertige Technik und in die richtige Software** spart vor allem Arbeitszeit, die Ihrem Kerngeschäft und Ihrem Umsatz zugutekommt.

Welche Ausrüstung gebraucht wird, richtet sich nach Art und Größe des Unternehmens, dem Umfang der anfallenden Arbeiten und natürlich nach dem persönlichen Geschmack. Nachstehend habe ich Ihnen meine Zutatenliste für ein digitales Büro aufgeführt, die sich in der Praxis für Soloselbstständige und kleine Unternehmen bewährt hat:

Zutatenliste Hardware

- Laptop
- 2 Bildschirme (mind. 24 Zoll)
- Drucker (Multifunktionsgerät)
- guter Dokumenten-Scanner
- kleine Helfer für den Scanvorgang
- Dockingstation
- externe Festplatte oder NAS
- Tablet mit Stift
- Smartphone
- schneller Internetanschluss
- Mikrofone und Webcam
- Labeldrucker

Zutatenliste Software

- *Microsoft 365*
- PDF-Programm
- Online-Banking
- Fakturierungsprogramm
  (optional Buchhaltungsprogramm)
- Snipping-Tool
- Scan-App
- Virenschutz-Programm
- optional: Dokumentenmanagementsystem

„Es ist nicht zu wenig Zeit, die wir haben, sondern es ist zu viel Zeit, die wir nicht nutzen.“

~ SENECA ~

Die Hardware

PC, Laptop oder beides?

Das digitale Büro ist untrennbar mit mobilem Arbeiten verbunden. Laptops sind perfekt auf die Bedürfnisse der mobilen Welt ausgerichtet. Anders als ein stationärer PC kann ein Laptop vom Stromnetz getrennt und dank seines geringen Gewichts überallhin mitgenommen werden. Sei es zu Besprechungen, zu Gesprächen mit Kunden oder ins Homeoffice. Per WLAN können Sie unterwegs andere Netze nutzen und online gehen. Wer mobil unterwegs sein muss, an verschiedenen Orten tätig wird oder öfter den Arbeitsraum wechselt, profitiert eindeutig von einem Laptop. Wer vorrangig an einem Ort arbeitet und eine leistungsstärkere und günstigere Ausstattung wünscht, greift wahrscheinlich auf gängige PCs zurück. In manchen Firmen wird beides benötigt.

Zwei Bildschirme – ein Must-have!

Der standardmäßige 13-Zoll- oder 14-Zoll-Bildschirm am Laptop ist für unterwegs vollkommen ausreichend. Aber wer den ganzen Tag *Outlook* im Blick behalten muss, zwischen *Office-* und anderen Programmen ständig hin- und herwechselt, wünscht sich bald mehr Platz – schon den Augen zuliebe. Mehr digitale Arbeitsfläche und bessere Darstellungsqualität bieten moderne Bildschirme. Dass der Bildschirm ruhig etwas größer sein kann, versteht sich von selbst. Größere Fläche bedeutet mehr Komfort und Dokumente müssen nicht aus Platzgründen derart verkleinert werden, dass es mühsam ist, sie zu lesen. Bewahren Sie Ihre Augen vor Iris-Pest und Pupillen-Cholera und investieren Sie in einen großen und qualitativ hochwertigen Bildschirm (mindestens 24-Zoll-Monitor). Das kommt Ihnen überflüssig vor? Dann überlegen Sie mal, wie viel Zeit Sie vor dem Bildschirm verbringen. Ihre Augen werden es Ihnen danken und Sie können sich am Tag länger konzentrieren.

Extra-Tipp Curved-Design: Ein Bildschirm mit einer Wölbung (Curved-Design) ist der natürlichen Augenform angepasst, wodurch ein breites Sichtfeld entsteht, was angenehmer für die Augen ist.

Effektivitätsschub durch zwei Bildschirme: Wenn Sie die Effizienz am Arbeitsplatz deutlich steigern wollen, dann rüsten Sie ihn mit **zwei großen Bildschirmen** aus.

Ein großer Schreibtisch erleichtert die Büroarbeit. Genauso ist es mit dem zweiten Bildschirm. **Zwei Bildschirme** erleichtern das digitale Arbeiten und sind ein Muss im papierlosen Büro. Mit der 2-Bildschirm-Methode können Sie parallel in verschiedenen Dokumenten arbeiten, im Internet recherchieren und nebenbei digital Notizen machen. Sie können sich simultan mehrere Anwendungen gleichzeitig anschauen, unmittelbar auf sie zugreifen oder sie bearbeiten.

Sie wollen ein Dokument bearbeiten und brauchen dazu gleichzeitig Informationen aus anderen Dokumenten? Super! Denn jetzt legen Sie einfach auf den linken Bildschirm das zu bearbeitende Dokument und auf dem rechten Monitor öffnen Sie die Informationsquellen – so können Sie ganz einfach Texte kopieren oder sich Notizen machen, ohne auf große Mauswanderung gehen zu müssen.

Ohne das ständige Hin- und Herwechseln zwischen Anwendungen oder Verschieben von App-Fenstern reduzieren sich die Unterbrechungen Ihres Arbeitsflusses erheblich – Sie arbeiten dadurch fokussierter und sparen Zeit. Und die Erfahrung zeigt, dass man mit zwei Bildschirmen deutlich weniger Papier bedruckt.

Ich verspreche Ihnen: Schon nach wenigen Tagen werden Sie sich fragen, warum Sie nicht schon immer die Vorteile der 2-Bildschirm-Methode genutzt haben. Der zweite Bildschirm ist eine der besten Investitionen in Ihren digitalen Arbeitsplatz, die Sie tätigen können.

Drucker – ein Multifunktionsdrucker sollte es sein

Ganz ohne Papier kommt auch ein papierloses Büro nicht aus. Praktisch sind in diesem Zusammenhang die sogenannten Multifunktionsgeräte. Darunter sind Geräte zu verstehen, die Drucker, Kopierer, Scanner und auch ein Fax in einem Gerät beinhalten (All-in-one-Geräte). Logischerweise benötigen die Multifunktionsgeräte nicht so viel Platz wie vier einzelne Geräte. Und Sie müssen immer nur ein Gerät einrichten und warten. Noch ein Plus: Wenn Sie ein Multifunktionsgerät anschaffen, müssen Sie nur ein einzelnes Gerät mit Strom versorgen, was die Stromrechnung freut. Preislich sind die Multifunktionsgeräte zwar ein wenig höher angesiedelt, jedoch relativiert sich der höhere Kaufpreis angesichts der Zeitersparnis durch die vielfältigen Funktionen. Setzen Sie auf ein Modell der „Mittelklasse" eines namhaften Herstellers, dann bekommen Sie eine ordentliche Druckgeschwindigkeit und Zusatzfunktionen wie beispielsweise Duplex-Druck (also beidseitiges Bedrucken des Papiers) oder einen automatischen Dokumenteneinzug, die Ihnen den Büroalltag erleichtern.

Laser oder Tintenstrahl? Schwarz-Weiß oder Farbe? Die Auswahl hängt von Ihrem Aufgabenbereich und Ihrem persönlichen Geschmack ab. Der Laserdrucker rechnet sich bereits ab einem

Papiervolumen von 100 Kopien im Monat. Der Tintenstrahldrucker ist in der Anschaffung günstiger, aber im Vergleich mit dem Laserdrucker langsamer und bei hohem Papiervolumen teurer, da er mehr Tinte verbraucht.

Achten Sie unbedingt darauf, dass das Gerät WLAN- und LAN-fähig ist, damit es mit dem Netzwerk Ihres Unternehmens verbunden werden kann. Die Einbindung ins Büronetzwerk ist eine feine Sache, es gibt keinen Kabelsalat und das Gerät kann gleich von mehreren Arbeitsplätzen angesteuert werden.

Leistungsstarker Dokumentenscanner – zentraler Erfolgsfaktor

Eine zentrale Rolle für die erfolgreiche Umstellung von Papier auf digital und für das tägliche Arbeiten im papierlosen Büro spielt der Dokumentenscanner. Ein leistungsstarker Dokumentenscanner ist unerlässlich, um die Papierberge im Büro verschwinden zu lassen und die tägliche Papierpost zu digitalisieren.

Sparen Sie nicht an der Qualität des Scanners, denn langwieriges Scannen führt dazu, dass Sie viel Arbeitszeit investieren müssen, und lässt die Motivation deutlich sinken. Denken Sie nur mal daran, wie oft Sie eine Seite umdrehen und ein zweites Mal scannen müssten, wenn der Scanner keine Duplex-Funktion hätte. Nebst allen Handgriffen zum Öffnen und Schließen des Deckels sowie des Zurechtrückens des Blatts.

Was braucht also ein guter Scanner? Wichtige Funktionen für professionelles Arbeiten sind eine gute Scangeschwindigkeit, eine hohe Bildauflösung, eine Einzugsfunktion für Einzelblätter, eine Duplex-Funktion (beidseitiges Scannen) und eine OCR-Erkennung (die Software erkennt Schriftzeichen, sie liest aus einem gescannten Bild einen editierbaren Text ein). Außerdem sollten Sie ein WLAN-fähiges Gerät wählen, weil die eingescannten Dokumente dann entweder direkt in der Cloud abgespeichert oder an jeden beliebigen anderen Arbeitsplatz verschickt werden können.

Ein guter Scanner für kleine Unternehmen und Freiberufler ist der ***ScanSnap IX 500***, der als Einzugsscanner über WLAN verfügt, schnell beidseitig scannt und Dokumente direkt in E-Mail oder Cloud speichert.

Kleine Helfer für den Scanvorgang: Nutzen Sie einen **Stempel „gescannt"**, um gescannte Dokumente zu markieren. Damit erkennen Sie leicht, ob ein Dokument schon gescannt wurde oder nicht, und vermeiden doppeltes Einlesen. Außerdem ist ein **Klammerlöser** sinnvoll, da Sie Tackerklammern vor dem Scannen entfernen müssen. Um kleinformatige Quittungen und Kassenbons zu scannen, legen Sie diese in eine **Scanhülle**. Die transparente Plastikhülle sorgt dafür, dass die kleinen Belege beim Scannen nicht verrutschen und dass mehrere Kleinbelege auf einmal gescannt werden können. Mit Scanhüllen kriegen Sie außerdem auch verknitterte Dokumente glatt.

Dockingstation – eine sinnvolle Erweiterung

Der mobile Einsatz eines Laptops ist eine prima Sache. Was unterwegs praktisch ist, bringt aber im Büro oder zu Hause auch Nachteile mit sich. In puncto Anschluss sämtlicher Peripheriegeräte – wie zwei Bildschirme, Maus, Tastatur, Drucker, Scanner, Festplatte, LAN-Anschluss, Mikrofon, Kopfhörer – kommt das Notebook schnell an seine Grenzen. Außerdem ist das ständige Ein- und Ausstöpseln von Monitoren und Co. bei häufigen Standortwechseln nervig und zeitraubend. Abhilfe schafft hier eine Dockingstation. Eine Dockingstation ist ein Hardwareteil mit einer Vielzahl von Anschlussmöglichkeiten, das Sie sich im Büro und zu Hause hinstellen können, um dort Ihre Peripheriegeräte anzuschließen. Durch einfaches Andocken des Notebooks sind alle erforderlichen Peripheriegeräte sofort mit dem Notebook verbunden und einsatzbereit. Das macht den Wechsel vom Büro ins Homeoffice und umgekehrt maximal unkompliziert. Dockingstationen gibt es als Variante zum Andocken, das sind Lösungen des Laptop-Herstellers, in die das Notebook einfach eingerastet wird. Daneben gibt es aber auch Universallösungen, die über einen USB-Anschluss funktionieren (USB-Dockingstationen).

Mit externer Festplatte oder NAS Speicherplatz gewinnen und für Sicherheit sorgen

Mit einer externen Festplatte oder einem NAS (Network Attached Storage) erweitern Sie Ihre Speicherkapazität und sorgen für Sicherheit Ihrer Daten. Der Verlust Ihrer Daten wäre eine furchtbare Katastrophe nicht nur im Hinblick auf die gesetzlichen Aufbewahrungsfristen, sondern vor allem für die Aufrechterhaltung Ihres Tagesgeschäfts. Deshalb sollten Sie die Daten nicht nur auf der eigenen Festplatte speichern, sondern auch regelmäßig Sicherheitskopien auf externen Speichermedien anfertigen. Als Backup-Lösungen bieten sich sowohl externe Festplatten als auch NAS-Server an. Network Attached Storage bedeutet im Grunde nichts anderes als ein ans Netzwerk angeschlossenes Speichermedium. Sobald Sie nicht nur an einem Desktop-PC arbeiten, sondern auch an Notebook, Smartphone und Tablet, oder mehrere Arbeitsplätze haben, ist ein NAS als zentraler Speicher flexibler und bequemer als ein lokales Speichermedium. Sie können mit mehreren Geräten auf die Daten zugreifen, sogar von unterwegs, da der NAS-Server in der Regel an Ihrem Router hängt – und der ist mit dem Internet verbunden.

Tablet mit Stift – schnell Notizen erfassen und übertragen

Handschriftliche Notizen bei Besprechungen oder Kundenterminen sind oft notwendige Gedankenstützen. Und Ideen, die Sie kurz notieren, helfen Ihnen später bei der Ausarbeitung. Statt mit Notizblock und Stift unterwegs zu sein, empfiehlt sich ein Tablet mit Stift. Das ersetzt Ihnen die Zettelwirtschaft – die

Notizen sind sofort in digitaler Form vorhanden und können jederzeit weiterverarbeitet werden.

| **Extra-Tipp Verwandlungskünstler „Convertible":** Tablet oder Notebook? Ein „Convertible" macht die Entscheidung überflüssig, denn es ist beides zugleich. Die Kombination aus Laptop und Tablet kann eine durchaus sinnvolle Investition sein, weil dieses Gerät als Laptop und als Tablet genutzt werden kann. Mit wenigen Handgriffen ist ein Convertible je nach Bedarf ein Notebook mit richtiger Tastatur oder ein schlankes Tablet.

Smartphone – ein Multitalent

Smartphones sind heutzutage aus dem Alltag kaum mehr wegzudenken. Mailen, surfen, telefonieren – doch Ihr Handy kann noch mehr! Es ist ein wahres Multitalent. Schauen Sie nach Apps, die Ihnen helfen, den Geschäftsalltag produktiver zu organisieren. Es werden sich Möglichkeiten auftun, an die Sie bislang noch nicht gedacht hatten. Neben dem klassischen E-Mail-Programm ist der Zugriff von unterwegs auf Ihre Dokumente und auf Programme zum Erstellen, Bearbeiten und Versenden von Dokumenten, Tabellen und Präsentationen eine wichtige Funktion für den Geschäftsalltag – gerade wenn Sie oft im Außendienst tätig sind. Auch praktisch: von unterwegs über Video-Messenger-Apps an Besprechungen oder wichtigen Gruppen-Chats teilnehmen. Oder Termine, Notizen, To-do-Listen über das Handy organisieren. Arbeitszeiten direkt mobil erfassen – so geht keine Ihrer geleisteten Arbeitsstunden mehr verloren. Sie wollen eine Quittung oder ein Dokument von unterwegs schnell digitalisieren? Auch dann reicht ein Griff zum Handy. Mit einer Scan-App ein Foto machen, nachbearbeiten und hochladen – fertig! Nutzen Sie unproduktive Zeiten unterwegs (z. B. in der Bahn oder Wartezeiten) sinnvoll, indem Sie sich über Ihr Smartphone weiterbilden – es gibt viele Lernplattformen, die Online-Videokurse zur beruflichen und persönlichen

Weiterbildung anbieten. Als Navigationssystem hilft Ihnen das Handy, sich in fremden Städten zurechtzufinden.

Sie sehen, das Smartphone bietet viele Möglichkeiten, die das Arbeiten produktiver machen und die sich gut in den Arbeitsalltag integrieren lassen.

Praktische Business-Apps fürs Smartphone

» Texte, Tabellen, Präsentationen erstellen:
Microsoft 365

» Video-Telefonkonferenzen und Chats:
MS Teams, Google Hangouts

» Terminverwaltung:
Outlook, Google Calender

» Verwalten von Notizen:
OneNote, Evernote

» Aufgaben festhalten und To-do-Listen führen:
MS ToDO, Wunderlist

» Arbeitszeiten erfassen:
Timr, WorkinApp

» Scannen:
MS Lens, Scanbot

» Lernplattformen:
Udemy, Leturio

» Navigationssysteme:
Google Maps, Here WeGO

Schneller und stabiler Internetanschluss

An Onlinekonferenzen teilnehmen, Videotelefonate führen, große Dateien versenden – all das ist Geschäftsalltag und braucht eine schnelle und stabile Internetverbindung.

Damit Sie frustfrei und produktiv im digitalen Büro arbeiten können, sollte Ihr Internetanschluss eine Geschwindigkeit von 50 Mbit/s oder höher bieten. In vielen Städten und Ballungsgebieten ist inzwischen schnelles Internet per DSL oder Glasfaseranschluss verfügbar. Wer auf dem Land wohnt, hat diese Annehmlichkeit oft nicht. Dann ist eine Internetverbindung via Mobilfunk (LTE) die richtige Alternative. Ein wichtiger Faktor für eine gute Internetverbindung ist der richtige Standort Ihres Routers. Der Router sollte möglichst in der Nähe Ihres Hauptarbeitsplatzes positioniert sein, also am besten im Zentrum aller benötigten Endgeräte. Damit der Empfang ungestört ist, sollte er erhöht und vor allem frei stehen. Besonders andere technische Geräte, Möbel und dicke Wände bremsen die Leistung des Routers.

WLAN oder Kabel? WLAN ist eine praktische Sache, besonders für mobile Endgeräte. Haben Sie jedoch einen festen Hauptarbeitsplatz, ist ein Kabel manchmal die bessere Wahl. Grundsätzlich liefert das Kabel eine bessere Geschwindigkeit als WLAN. Nicht immer gibt es den optimalen Standort des Routers und manchmal ist die ankommende Surf-Geschwindigkeit langsam oder die Verbindung per LAN-Kabel schwierig. Die Lösung ist dann die Zwischenschaltung eines zusätzlichen WLAN-Verstärkers (auch WLAN-Repeater genannt), der die WLAN-Signale verstärkt und die Reichweite vergrößert. Um kürzere Durststrecken zu überwinden, empfiehlt sich der Einsatz eines Funk-Repeaters, für größere Distanzen verwenden Sie Powerline-Geräte, die Stromleitungen nutzen. Die Powerline-Adapter werden in eine Steckdose gesteckt und nutzen dann die Stromkabel des Hauses als Datenleitung. Eine weitere Option ist die Mesh-

WLAN-Lösung von der Telekom, damit ist flächendeckendes Surfen mit maximaler Bandbreite im ganzen Büro möglich.

Tipp: Smartphone als Hotspot nutzen

Mit Ihrem Smartphone surfen Sie nicht nur direkt im Internet, es lässt sich auch über die Hotspot-Funktion als WLAN-Router für andere Geräte (z. B. Laptop, Tablet) nutzen. Wenn Sie unterwegs sind, ist nicht immer kostenloses und vertrauenswürdiges WLAN verfügbar. Da ist es gut, wenn Sie Ihr eigenes Internet dabei haben – Ihr Smartphone. Die Einsatzzwecke für einen Hotspot sind vielseitig: vom Tablet, das nur WLAN besitzt, über das Notebook auf Geschäftsreisen bis hin zum Backup, wenn der Hauptinternetanschluss temporär mal ausfällt. Wählen Sie daher einen Handytarif mit schnellem Internet und hohem Datenvolumen.

Mikrofon und Webcam

Wenn Sie an digitalen Meetings teilnehmen wollen, brauchen Sie ein Mikrofon und eine Webcam. In Laptops sind grundsätzlich eine Kamera und auch ein Mikrofon verbaut. Wenn Sie ein Mittelklasse-Modell eines namhaften Herstellers haben, dann sind Sie mit dem integrierten Equipment ordentlich gerüstet. Ansonsten benötigen Sie noch ein vernünftiges USB-Mikrofon für den schnellen Anschluss an den Laptop, wie beispielsweise die Modelle der Firma Blue (*Blue Snowball oder Blue Yeti*). Ein gutes Mikrofon kann die Tonqualität Ihrer Stimme erheblich verbessern. Für gute Webcams ist die Firma *Logitech* ein namhafter Anbieter.

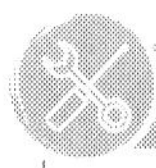

Tool-Tipp: Machen Sie Ihr Handy zur Webcam

Mit der App *iVCam* können Sie Ihr Smartphone ganz leicht zur Webcam mit Mikrofon umfunktionieren. Der Vorteil: Die meisten Smartphones sind mit sehr guten Kameras und Mikrofonen ausgestattet, die in puncto Qualität einer mittelpreisigen Kamera plus Mikrofon locker das Wasser reichen können. Damit sparen Sie Geld für die Anschaffung von separatem Zubehör und haben überdies Ihre Webcam immer in der Hosentasche.

Eine Alternative zu *iVCam* ist *DroidCam*.

Labeldrucker

Der Vorteil eines Etikettendruckers liegt auf der Hand: Er nimmt Ihnen im Büroalltag viel Arbeit ab, da nicht jedes Etikett per Hand beschriftet werden muss. Die Etiketten lassen sich in wenigen Sekunden drucken. Außerdem können Sie das gewünschte Label speichern und somit immer wieder ausdrucken. Einsatzgebiete sind breit gefächert, beispielsweise im Versand (Adressetiketten), für Ordnung im Büro (Aktenbeschriftung) oder für Meetings (Namensschilder).

Gute Labeldrucker gibt es von den Herstellern *Dymo, Brother* oder *Epson*.

„Wenn Sie auf den Mond zielen,
und Sie treffen ihn nicht, landen Sie
noch immer bei den Sternen!“

~ HENRY FORD ~

Die Software

Microsoft 365 – die Basis für das papierlose Büro

Microsoft 365 (vormals: *Microsoft Office 365*) ist die perfekte Basis für jedes papierlose Büro. Es kombiniert die altbewährten *Office*-Anwendungen mit verschiedenen Web- und Cloudservices. Der große Vorteil: In diesem Software-Paket sind alle für das digitale Arbeiten erforderlichen Programme enthalten. Dazu gehören neben den Büroarbeit-Klassikern *Word, Excel, PowerPoint* und *Outlook* auch der Cloudspeicher *OneDrive*, das digitale Notizbuch *OneNote*, das moderne Zusammenarbeitstool Teams, der Videodienst *Skype* sowie weitere nützliche Tools (z. B. ein *Snipping*-Tool). Das Software-Paket *Microsoft 365* ist speziell für die Verwendung eines Cloudservers ausgelegt, im Unterschied zu anderen *Microsoft-Office*-Paketen, die allein auf die Abspeicherung auf örtlicher Hardware abzielen. Also perfekt für das mobile Arbeiten und das synchrone Nutzen von verschiedenen Geräten (Laptop, Tablet, Handy).

Alle Programme sind kompatibel und optimal aufeinander abgestimmt, sodass konfliktfreies Zuarbeiten von einer Anwendung in die andere garantiert ist – ohne Systembruch ist beispielsweise die Einbindung der Tabellenkalkulation *Excel* in die Textverarbeitung *Word* möglich und von *Outlook* können E-Mails ganz einfach in Ihr Notizbuch von *OneNote* verschoben werden. Vielen Büroarbeitern ist die *MS-Office*-Umgebung vertraut und sie schätzen die *Microsoft*-Tools, sodass Einarbeitung und Akzeptanz leichterfallen.

Ein unschätzbarer Vorteil ist die einfache Nutzung auf mehreren (unterschiedlichen) Geräten wie Laptop, Tablet und Smartphone und das absolute Synchron-Laufen der Daten. Sie halten damit Ihre E-Mails, Kontakte, Termine, Aufgaben und Dokumente auf allen Geräten aktuell, was Arbeitsabläufe und die Teamarbeit erheblich erleichtert.

Und nicht zuletzt ist die Installation denkbar einfach und auch für einen IT-Laien problemlos möglich. Updates werden automatisch eingespielt – Sie haben immer die neuste Software-Version. Denken Sie daran, wie viel Arbeitszeit eingespart wird, wenn nicht ständig Updates installiert werden müssen. Außerdem bekommen Sie kostenlosen Support, wenn Sie Fragen haben. Das *Microsoft-365*-Paket bekommen Sie gegen eine monatliche Bezugsgebühr (ab 10,50 € pro Monat, Stand: 12/2020), so haben Sie niedrige, planbare Monatskosten. Sie benötigen keine teure Anfangsinvestition in eine eigene Server-Infrastruktur und die laufenden Wartungskosten entfallen gänzlich.

Mit *Microsoft 365* haben Sie das ultimative Werkzeug, um alle Herausforderungen des papierlosen Büros und des digitalen Arbeitens zu meistern. Sie werden schnell feststellen, wie hervorragend Ihnen *Microsoft 365* hilft, die Disziplinen im Büro-Zehnkampf erfolgreich zu absolvieren.

Büro-Zehnkampf mit *Microsoft 365* meistern

Disziplin		*Tool*
1.	Dokumente erstellen	*Word*
2.	Erstellen von Berechnungen, Tabellen, Diagrammen	*Excel*
3.	E-Mail-Management	*Outlook*
4.	Termine und Kontakte managen	*Outlook*
5.	Aufgaben managen, To-do-Liste führen	*Outlook, ToDo, Planner*
6.	Dateiablage, Cloudspeicher, Dateien online teilen	*OneDrive, SharePoint*
7.	Elektronisches Notizbuch	*OneNote*
8.	Präsentationen erstellen	*PowerPoint*
9.	Video-Konferenzen und Instant Messaging	*Teams, Skype for Business*
10.	Digitales Teamwork, Zusammenarbeit von virtuellen Teams	*Teams*

Für mich ist das *Office*-Paket von *Microsoft* die ideale Lösung für Selbstständige und kleine Unternehmen, was digitales Arbeiten angeht. Natürlich können Sie auch Open-Source-Software (z. B. *Open Office*) verwenden. Doch die kostenlosen Programme bieten keine Komplettlösung aus einer Hand wie *Microsoft 365*. Sie müssen sich für Ihren Büro-Zehnkampf verschiedene freie Programme zusammenstellen, um alle Bürodisziplinen absolvieren zu können. Die Schnittstellen vieler offener Programme sind untereinander nicht so gut verzahnt wie bei einer kommerziellen Komplett-Software – Sie können damit nicht reibungslos, ohne Systembruch, arbeiten. Sie haben keinen Support bei Fragen. So bleibt Ihnen nur, sich selbst durch die Hilfeforen zu kämpfen – das kostet Sie im Zweifel ein Mehrfaches an Arbeitszeit als die Lizenzgebühr für *Microsoft 365*. Das papierlose Büro lässt sich auch mit Open-Source-Lösung umsetzen, aber wägen Sie vorher alle Vor- und Nachteile ab, bevor Sie die kostenlose Software im Unternehmen einsetzen.

PDF-Programm – PDF statt Papier

Portable Document Format (PDF) ist das Standard-Datenformat im papierlosen Büro. Einer der größten Vorteile von PDF-Dateien ist die Wahrung der Datenintegrität. Damit ist die originalgetreue Darstellung des Dokuments unabhängig vom verwendeten Gerät oder der verwendeten Software gemeint. Anders ausgedrückt: Ein PDF-Dokument sieht auf jedem Computer der Welt mit jedem Betriebssystem genauso wie das Originaldokument aus – auch wenn man es später auf Papier ausdruckt. Damit ist das Dateiformat ideal zum Archivieren und zum Weiterleiten geeignet. Ein digitaler Dokumentenaustausch ist heutzutage ohne PDF nur schwer vorstellbar – zumal es den Ruf hat, nicht so virusanfällig zu sein. Die Anschaffung eines PDF-Programms in einem papierlosen Büro ist daher zwingend notwendig. *Acrobat* wäre hierfür das Original, aber es gibt auch adäquate Alternativen, etwa *Nitro* und *PDF 24*. Diese Programme umfassen Werkzeuge zum Erstellen, Konvertieren, Bearbeiten, Kommentieren, Zusammenfügen und Schützen von PDF-Dateien.

PDF/A – das Format zur langfristigen Archivierung

PDF kennen Sie – aber PDF/A? Der zusätzliche Buchstabe A steht für Archivierung und damit ist auch schon der Zweck des Spezialformats enthüllt. Wenn es um die Langzeitarchivierung von Dokumenten geht, hat das einfache PDF-Format einen Nachteil: Aufgrund der technischen Spezifikationen von PDFs kann nicht sichergestellt werden, dass diese auch nach Jahren noch lesbar sind. Das Format PDF/A wurde daher für eine rechtlich einwandfreie Langzeitarchivierung entwickelt. Digitale Dokumente lassen sich damit so archivieren, dass der Inhalt auch nach langer Zeit noch in derselben Qualität und ohne Abweichungen vom Original dargestellt werden kann. PDF/A ist der ISO-Standard für Langzeitarchivierung. Das heißt, das Format gilt als internationale Norm für die Langzeitarchivierung.

Online-Banking – Bankfiliale war vorvorgestern

Am Bankschalter Überweisungsträger abgeben oder am Kontoauszugsdrucker die Bankauszüge holen – das war vorvorgestern. Im papierlosen Büro sollten Sie auch die Vorzüge des papierlosen Bankverkehrs nutzen. Die einfachste Möglichkeit ist das Online-Banking. Denn damit können Sie Ihren Zahlungsverkehr bequem vom Schreibtisch aus erledigen, ohne dass Formulare wie Überweisungen nötig sind und Kontoauszüge von der Bankfiliale geholt werden müssen. In aller Regel ist es nicht erforderlich, eine spezielle Software zu installieren, um Online-Banking zu machen. Sie erhalten Zugangsdaten von Ihrer Bank und können nach erfolgreicher Registrierung den Zahlungsverkehr und die Verwaltung Ihrer Konten bequem im Internet vornehmen oder sogar über das Handy. Mit Online-Banking sind Sie flexibel, denn die heimische Bankfiliale hat rund um die Uhr geöffnet. Sie haben jederzeit Einblick in Ihren Finanzstatus, können einzelne Transaktionen und Abbuchungen kontrollieren und Überweisungen tätigen. Zudem sind die Gebühren bei der Online-Abwicklung Ihrer Bankgeschäfte niedriger, häufig sind Online-Konten sogar kostenfrei. Die monatlichen Kontoauszüge, die Ihnen per Post zugeschickt werden, kosten Sie Geld. Wenn Sie Online-Banking benutzen, können Sie die Papierauszüge einfach abbestellen, da Sie sie nicht mehr brauchen. Denn Ihre Kontoumsätze liegen digital vor. Ein Vorteil von digitalen Kontoauszügen ist, dass Sie diese auch digital weiterverarbeiten können, z. B. per Datenübergabe an das Buchhaltungssystem oder an den Steuerberater, und so Ihr digitaler Workflow erleichtert wird. Außerdem ist ein wesentlicher Pluspunkt, dass Sie in Ihrem Online-Konto komfortabel nach Umsätzen suchen können. Sie wollen etwa wissen, wann ein Kunde bezahlt hat. Geben Sie einfach in der Suchfunktion den Namen oder die Rechnungsnummer oder den Betrag ein – Sie werden in Sekundenschnelle ein Ergebnis erhalten. Online-Banking bietet also viele Vorteile, von der Zeitersparnis über die Flexibilität bis hin zur Kostenreduzierung und Einsparung von Papier.

Rechnungssoftware statt *Word* oder *Excel*

Ihre Kundenrechnungen in *Word* oder *Excel* zu schreiben, ist keine Lösung im digitalen Büro – allein schon aus Sicht des Finanzamts. Professioneller und finanzamtskonform erstellen Sie Ihre Rechnungen mithilfe eines Faktura- bzw. Rechnungsprogramms. Damit können Sie Rechnungen als PDFs im eigenen Design Ihres Unternehmens erstellen und diese direkt an die Kunden senden. Je nach verwendeter Software-Lösung werden die Fälligkeiten im Anschluss überwacht, Mahnungen angestoßen, Forderungen gebucht und offene Posten ausgeziffert.

Empfehlenswerte Rechnungsprogramme sind zum Beispiel *LexOffice, SevDesk, FastBill* oder *Buchhaltungsbutler.*

Screenshot-Programm – ein genialer Helfer im Büroalltag

Was auf keinen Fall in einem digitalen Büro fehlen darf, weil es ein genialer Helfer im Alltag ist, ist ein Screenshot-Programm. Häufig bietet der Bildschirm wichtige Informationen, die Sie direkt weiterverarbeiten wollen. Eine schnelle Lösung, um den Bildschirm abzufotografieren, sind Screenshots. Screenshots lassen sich zwar ganz einfach erstellen, indem Sie die „Druck"-Taste auf Ihrer Tastatur betätigen und dann die Bildschirmaufnahme in das gewünschte Dokument einfügen. Deutlich smarter und flexibler geht es jedoch mit einem Screenshot-Programm. Das *Snipping-Tool* von *Microsoft* ist standardmäßig unter *Windows* installiert. Alternativen sind *Snagit* oder *Ashampoo Snap.* Mithilfe dieser Programme lassen sich auf einfache Art und Weise Bildschirmfotos („Screenshots") schießen und bearbeiten. Sie können den gesamten PC-Bildschirm oder einen Teil des Bildschirms aufnehmen, Notizen, Zeichnungen oder Markierungen hinzufügen, den bearbeiteten Ausschnitt per „Einfügen" in ein beliebiges *Office*-Programm übergeben oder direkt aus dem Fenster des Programms per E-Mail verschicken. Screenshots sind das ideale Hilfsmittel, um Arbeitsanweisungen oder Dokumentationen verständlicher und schneller zu gestalten. Schließlich sagt ein Bild mehr als tausend Worte! Die Einsatzmöglichkeiten sind vielfältig. Sie werden sehen, in Ihrem Büroalltag wird ein Screenshot-Programm zu Ihrem ständigen Begleiter werden und Sie sparen Papier, da Sie weniger ausdrucken.

Scan-App – eine praktische Sache

Scan-Apps verwandeln Ihr Smartphone in einen mobilen Scanner. Ob vor Ort beim Kunden oder in einem Seminar: Gerade unterwegs helfen Scan-Apps, Informationen schnell zu digitalisieren und weiterzuverarbeiten. Dokumente, Fotos, Rechnungen,

Notizen, Whiteboards, Zeitungsartikel und vieles mehr können Sie mit einer Scan-App mobil digitalisieren. Der Scan wird auf ihrem Gerät als Bild oder PDF gespeichert und Sie können ihn direkt per E-Mail verschicken oder via Cloudservice hochladen.

Die meisten Scan-Apps verfügen über automatische Texterkennung (OCR) und wählen zudem den Bildausschnitt automatisch. Dokumente, Rechnungen oder Fotos werden zuverlässig erkannt und alles Unnötige entfernt – so ist oft kein manuelles Nachjustieren erforderlich. Außerdem lassen sich die Scans bearbeiten: Beispielsweise können Sie Textstellen hervorheben, Notizen hinzufügen oder die Dateien unterschreiben.

Die Scan-App *Office Lens* ist bereits bei *Microsoft 365* integriert. Der Vorteil: Die Scans können Sie direkt in *OneDrive* hochladen und damit in Ihrem Dateiordnersystem ablegen. Für die Weiterverarbeitung im Büro ist das optimal. Gute Alternativen sind *Scanbot* oder *Adobe Scan*.

Antivirussoftware – der „Türsteher“ für Ihr digitales Büro

Sie brauchen einen „Türsteher" für Ihr digitales Büro, um Ihre Daten, Ihre Soft- und Hardware zu schützen. Als Antivirusprogramm bezeichnet man eine Software zum präventiven Schutz vor und zur aktiven Bekämpfung von Computerviren. Das Programm bewacht den Zugang zu Ihrem digitalen Büro und schmeißt unliebsame Gäste raus. Es wehrt unerwünschte Zugriffe auf den PC und verdächtige Daten ab, überprüft die durchgelassenen Daten auf Viren und löscht bei Befall die Bedrohung.

Bei *Microsoft 365* gehört die Antivirenlösung *Windows Defender* bereits von Haus aus zum Lieferumfang. Andere gute Antivirenprogramme sind *Norton* und *McAffee*. Welches Programm und welchen Funktionsumfang Sie benötigen, hängt von Ihrer individuellen Unternehmensstruktur ab. An dieser Stelle ist der Einkauf von Beratung gut investiertes Geld

Beachten Sie dabei eine wichtige Regel, die für jede Antivirus-Software gilt: Sie muss immer auf dem neusten Stand sein – daher regelmäßig updaten! Nur mit der aktuellen Version kann die Software Sie gegen die neusten Bedrohungen schützen.

Online-Fax-Lösung – von überall Faxe(n) machen

Im Gegensatz zum analogen Fax bietet Ihnen ein Online-Fax viele Vorteile. So haben Sie die Möglichkeit, Ihre Faxe von überall mit dem PC oder via Smartphone oder Tablet zu verschicken und zu empfangen. Sie verpassen kein wichtiges Fax mehr. Das empfangene Fax liegt gleich in digitaler Form vor, sodass Sie es direkt weiterverarbeiten bzw. digital ablegen können. Wollen Sie ein Fax verschicken, dann müssen Sie nur das Dokument hochladen und die Faxnummer eingeben. So lässt sich auch das altmodische Fax bestens in das digitale Büro integrieren. Anbieter von Online-Fax-Lösungen sind *simple-fax.de* oder *efax.de.*

Dokumentenmanagementsystem – nein oder vielleicht?

Die primäre Aufgabe eines Dokumentenmanagementsystems (DMS) ist die zentrale Verwaltung und revisionssichere Archivierung digitaler Dokumente. Die Software ist die zentrale Anlaufstelle für Ihre digitalen Dokumente über deren gesamten Lebenszyklus: von der Erstellung über die Verteilung und Bearbeitung bis hin zur Archivierung. Die Dokumente werden mit der Software nach einheitlichen Kriterien verschlagwortet, kategorisiert und in einem zentralen Bereich abgelegt. Durch die strukturierte Archivierung lassen sich die Dokumente später schneller wiederfinden. Arbeiten Sie im Team, kann jeder Mitarbeiter jederzeit auf alle erforderlichen Dokumente zugreifen. Außerdem kann das DMS bei Dokumenten-Workflows unterstützen: Sie können Dokumente digital durch die Gegend schicken, das heißt, an die jeweils zuständigen Mitarbeiter verteilen und mit auszuführenden Aufgaben und Erledigungsfristen verknüpfen. Dabei können Sie Ihren Mitarbeitern bestimmte Rollen zuweisen, beispielsweise Bearbeiter, Prüfer oder Freigeber, und können festlegen, welche Personen auf welche Daten zugreifen dürfen (Zugriffs- und Berechtigungskontrolle).

Neben den Vorteilen ist zu beachten, dass die Anfangsinvestition in ein DMS sowohl monetär als auch zeitlich hoch ist und die tägliche Pflege des Systems und der Ablage-Workflow aufwendig sind.

Deshalb sollten Sie sich vor der Anschaffung fragen, ob ein DMS notwendig ist. Wenn am Ende des Tages die Pflege des DMS mehr Zeit frisst, als Nutzen stiftet, ist das betriebswirtschaftlicher Mumpitz. Überall dort jedoch, wo täglich sehr viele Dokumente verarbeitet und abgelegt werden, viele Personen auf die Dokumente zugreifen müssen und diese zudem bei Bedarf schnell verfügbar sein sollen, kann die Investition in ein DMS lohnend sein.

Für Kleinunternehmen ist ein DMS nicht zwingend erforderlich. Gerade wenn Sie als Soloselbstständiger oder im kleinen Team arbeiten und das tägliche Dokumentenaufkommen überschaubar ist, ist ein DMS überdimensioniert. Clouddienste wie *OneDrive* oder *Dropbox* stellen meines Erachtens die bessere Alternative für die zentrale Dokumentenverwaltung dar. Diese bieten auch den Vorteil, dass die digitalisierten Daten gleichzeitig von mehreren autorisierten Mitarbeitern – selbst an unterschiedlichen Standorten – abgerufen und auf Wunsch bearbeitet werden können.

Ihre digitalen Dokumente können Sie sehr gut auf der Basis von *Microsoft 365*, insbesondere mit *OneDrive*, managen. Sie können damit selbst große Dokumentenmengen ohne Aufwand erfassen und so ablegen, dass eine spätere Suche rasch zum gewünschten Dokument führt.

Wie Sie eine gute Ordnungs- und Ablagestruktur aufbauen, erfahren Sie in den nächsten Kapiteln.

Zusammenfassung Teil II

- » Von hard bis soft haben Sie in diesem Kapitel viel über Ihr zukünftiges digitales Büro erfahren. Etwa, dass Sie bei der technischen Ausstattung nicht sparen sollten, aber auch nicht über gute Mittelklasse hinauskaufen müssen. Wie wichtig ein schneller Internetanschluss ist und dass scheinbarer Schnickschnack wie 2 Bildschirme, Multifunktionsdrucker, Dockingstation oder NAS sich schnell bezahlt macht.
- » Sie haben erfahren, dass Sie als Soloselbstständiger oder Kleinunternehmer beim Büro-Zehnkampf mit einer Paketlösung wie *Microsoft 365* schon mal gut und günstig bedient sind: alles drin, alles kompatibel, alles anwenderfreundlich. Sogar nützliche kleine Helferlein, an die Sie gar nicht gedacht hätten, sind dabei.
- » Bei Bedarf sollten Sie Wichtiges und Hilfreiches ergänzen: von Rechnungssoftware über smarte Apps bis hin zum Dokumentenmanagementsystem.

Teil III: Der Startschuss und die Planung

In diesem Teil erfahren Sie …

- » wie Sie mit dem Prinzip „Besteckschublade" Ihren Dokumenten ein Zuhause geben, durch das Essen eines Froschs Ihre Produktivität erhöhen und mit dem *Pareto-Prinzip* Ihrem Perfektionismus den Kampf ansagen – und wie alle drei Prinzipien gemeinsam Ihnen einen optimalen Start in Ihre neue Organisationsstruktur verschaffen
- » wie Sie auf der soliden Grundlage einer Ist- und Soll-Analyse erfolgreich Ihr digitales Büro planen

„Wer etwas will, findet Wege.
Wer etwas nicht will, findet Gründe.“

~ WILLY MEURER ~

Warum wachsen Papierberge?

Wissen Sie, warum Papierberge wachsen, aber keine Besteckberge? Bestimmt denken Sie jetzt: „Hä, was meint er mit Besteckbergen? Davon habe ich noch nie gehört!" Und genau darin verbirgt sich des Rätsels Lösung.

Schauen wir uns das Phänomen „Warum Papierberge wachsen, aber keine Besteckberge" doch mal genauer an, denn es führt zu den Prinzipien für ein gutes Ordnungs- und Ablagesystem in Ihrem digitalen Büro.

Warum türmen sich eigentlich Papiere so schnell in hohen Stapeln? Ein Grund ist, dass es manchmal für uns umständlich und zeitaufwendig ist, das jeweilige Papier am richtigen Ort abzulegen. Der Hauptgrund ist aber, dass es für dieses Dokument noch **keinen vordefinierten Platz** gibt. Wir gehen dann den bequemen Weg und legen das Papier auf den Stapel, der unmittelbar in unserer Reichweite ist, oder legen die Datei auf dem Desktop ab. Diese Abkürzung ist kurzfristig eine bequeme Lösung, führt aber langfristig zu Frust, Papier- und Datenchaos.

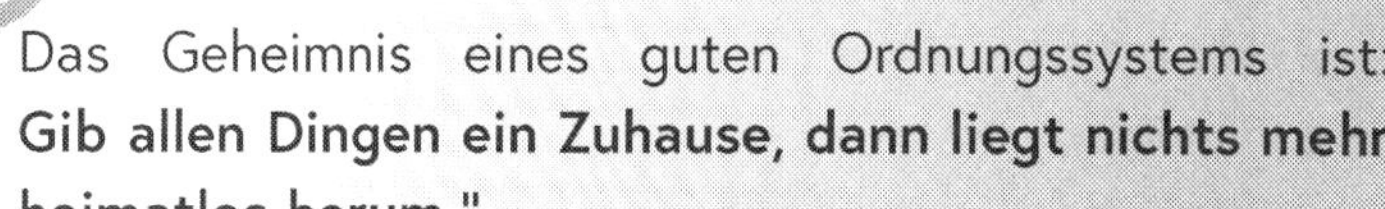

Das Geheimnis eines guten Ordnungssystems ist: **Gib allen Dingen ein Zuhause, dann liegt nichts mehr heimatlos herum."**

Die Grundregel für ein gutes Ordnungs- und Ablagesystem ist: „**Alles hat seinen vordefinierten Platz**." Wenn alle Dinge ein Zuhause haben, dann stellt sich die Ordnung wie von selbst ein.

Dass eine gute Ablage und Ordnung gelingen kann, zeigt ein Blick in die Besteckschublade. Ich wette, dass sie bei Ihnen aufgeräumt ist!

Prinzip „Besteckschublade"

- ☑ Alles ist übersichtlich strukturiert.
- ☑ Suchzeiten sind gleich null.
- ☑ Mit einem Griff haben Sie alles, was Sie brauchen.
- ☑ Das Aufräumen geht schnell, da bekannt ist, was wohin gehört.

Jetzt wissen Sie, warum keine Besteckberge wachsen! Weil durch vordefinierte Plätze alle Dinge (Gabeln, Messer, Löffel usw.) ein Zuhause haben. Damit läuft Ordnunghalten „automatisch" ab. Sie würden nie auf die Idee kommen, Ihre Gabeln in Ihrem Bett aufzubewahren. Wenn Sie den Besteckkorb aus der Spülmaschine nehmen, dann wissen Sie, ohne zu überlegen, wohin Sie die Gabeln, Messer, Löffel einsortieren. Selbst Fremde könnten die Spülmaschine ausräumen und das Besteck an seinen richtigen Platz legen.

Gestalten Sie eine „Besteckschublade" für Ihr digitales Büro!

Auf Ihre Büroorganisation übertragen bedeutet das: Definieren Sie feste Plätze für Ihre Dokumente (egal, ob papiergebunden oder digital), aber auch für Ihre Arbeitsmittel und Büroutensilien! Mit dem Prinzip „Besteckschublade" erteilen Sie Ihren Dokumenten und Belegen ein „absolutes Parkverbot". Die Papiere und Dateien haben nicht den Hauch einer Chance, falsch zu parken, weil Sie den Dokumenten „automatisch" die richtigen Plätze zuweisen. Vom Eingang bis zur Archivierung sind alle Parkplätze vordefiniert.

Wie Sie Ihre Besteckschublade bzw. Ihr Ordnungs- und Ablagesystem richtig strukturieren, erfahren Sie in den nächsten Kapiteln.

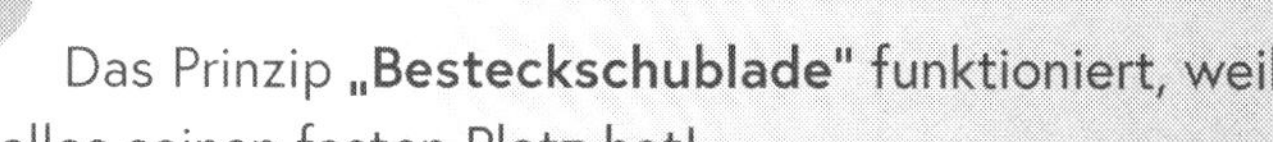

Das Prinzip **„Besteckschublade"** funktioniert, weil alles seinen festen Platz hat!

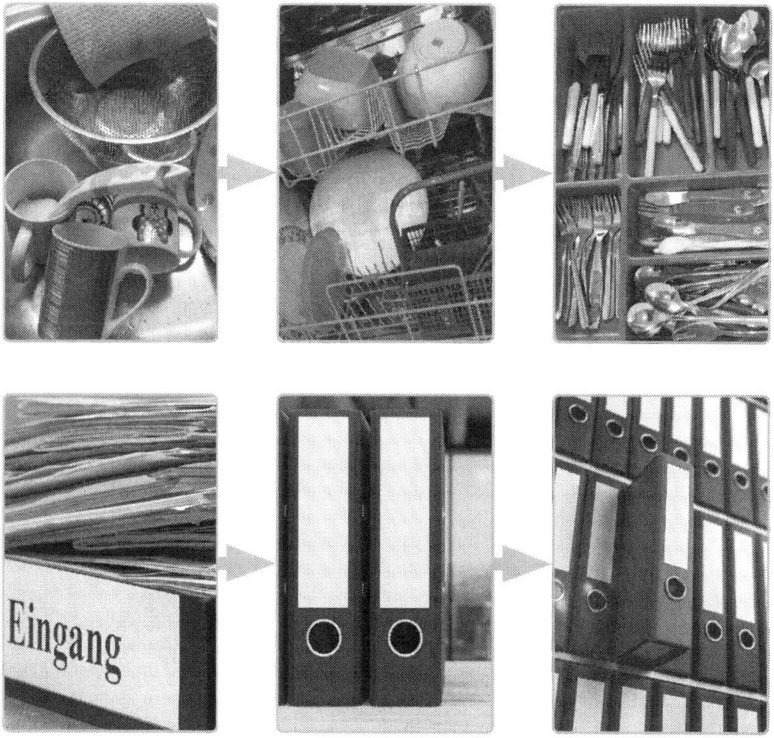

„Das Geheimnis des Erfolgs ist anzufangen.“

~ MARK TWAIN ~

Aller Anfang ist schwer – *eat that frog!*

Ein chinesisches Sprichwort sagt: „Auch die größte Reise beginnt mit dem ersten Schritt." Die Strukturierung Ihres digitalen Büros ist ein größeres Projekt. Eine Mammutaufgabe, die bei vielen nicht gerade Freude und Begeisterung auslöst. So ist es nur menschlich, wenn Ihr innerer Schweinehund nach Ausreden sucht, getreu dem Motto: „Ich habe keine Zeit, den Zaun zu reparieren, ich bin mit dem Einfangen der Hühner beschäftigt!" Tja, Papier- und Datenchaos oder Einrichtungsaufwand? Pest oder Cholera? Das ist hier die Frage.

Wir neigen dazu, unangenehme Aufgaben vor uns herzuschieben. Warten Sie nicht auf den perfekten Moment. Der kommt nicht.

Es ist besser, etwas nur zu 80 Prozent richtig zu tun, als zu 100 Prozent gar nicht!

Produktivitätstipp: das *Pareto-Prinzip*

Mit dem *Pareto-Prinzip* sagen Sie Ihrem Perfektionismus den Kampf an. Vielleicht kennen Sie das Konzept unter der Bezeichnung **80-zu-20-Regel**. Es besagt, dass in 20 Prozent der Zeit 80 Prozent der Aufgabe erledigt werden können. Im Umkehrschluss bedeutet das, dass Sie für die fehlenden 20 Prozent bis zur Perfektion 80 Prozent des gesamten Zeitaufwands benötigen. Das *Pareto-Prinzip* hilft Ihnen im Arbeitsalltag, kluge Prioritäten zu setzen. Denn es zeigt Ihnen, welche 20 Prozent Ihrer Aufgaben für 80 Prozent Ihrer Ergebnisse verantwortlich sind.

Das Wichtigste ist, den ersten Schritt zu gehen und in Bewegung zu kommen. Für den ersten Schritt müssen Sie unbedingt Vollgas geben. Wenn Sie nur halbherzig Gas geben, werden Sie keine Fahrt aufnehmen. Es ist wie bei einem stehenden Auto, das man anschieben will. Die ersten Meter sind die schwersten. Ist der Wagen erst einmal in Bewegung, bekommt er eine selbsttreibende Kraft und nimmt richtig Fahrt auf.

Die Hürde des Startens schaffen Sie, indem Sie sich eine Blocktime reservieren. Sie brauchen einen geschützten Hafen, damit Sie konzentriert und produktiv arbeiten können. Reservieren Sie sich einen Zeitblock von 4 bis 6 Stunden. Lassen Sie in dieser Blocktime keine Unterbrechungen zu. Blenden Sie alle anderen Aufgaben, Ablenkungen und Störenfriede (wie Telefon, E-Mail, *WhatsApp*, *Facebook* & Co.) aus. Jetzt sind Sie bereit, den „Frosch" zu essen! Ihr „Frosch" ist Ihre unangenehmste Aufgabe, die Sie am liebsten aufschieben. Aber gleichzeitig ist es die Aufgabe, die im Augenblick die größten positiven Auswirkungen auf Ihr Leben haben kann. Also, *eat that frog*!

Produktivitätstipp: *Eat that frog!*

Eat that frog ist eine amerikanische Redensart und bedeutet so viel wie: Wenn man jeden Morgen einen lebendigen Frosch isst, kann man beruhigt durch den Tag gehen, da einem nichts Schlimmeres mehr passieren kann. Der Erfolgstrainer Brian Tracy beschreibt in seinem Buch *Eat that frog* diese Technik als Schlüssel für ein erfolgreiches Leben. Wenn Sie es sich zur Gewohnheit machen, bei der Arbeit jeden Tag als Erstes den größten Frosch zu essen, werden Sie durch den restlichen Tag mit mehr Energie, Motivation und Zufriedenheit gehen. Aber keine Sorge: Sie müssen keinen echten Frosch verspeisen, um dem gerecht zu werden. Der Frosch steht schlicht für alle Aufgaben, die Sie große Überwindung kosten und die Sie deshalb immer weiter vor sich herschieben.

Der Start: drei Schritte zum digitalen Büro

Bevor Sie mit dem Projekt digitales Büro starten, steht im Vorfeld einiges an Planungsarbeit an, damit der Übergang und die anschließende Arbeit möglichst reibungslos ablaufen. Halten Sie also vor dem Anpacken der Digitalisierung inne und überlegen Sie gut, wie Sie vorgehen. Bevor Sie den ersten Schritt in Richtung hin zu einem papierlosen Büro machen, geht eine Bestandsaufnahme der Aktion voraus. Es geht dabei weniger um Geschwindigkeit als vielmehr um ein gut durchdachtes System. Beraten Sie sich mit Ihren Kollegen, die in Zukunft mit im Büro arbeiten werden, sammeln Sie Ideen und Vorschläge, bevor Sie zur Umsetzung schreiten. Bedenken Sie, dass Sie an dieser Stelle die Weichen für eine jahrelange Zukunft stellen.

Mit dem 3-Schritte-Fahrplan zu Ihrem digitalen Büro:

1. Ist-Zustand analysieren
2. Soll-Zustand definieren
3. Umsetzung des digitalen Büros

1. Ist-Zustand analysieren

Unterziehen Sie Ihre Arbeitsabläufe und Ihr Büro einer Bestandsaufnahme. Die wichtigsten Fragen in diesem Zusammenhang lauten:

Ist-Zustand analysieren

- Was fällt alles an digitalen und Papier-Belegen an?
- Wie, wo und wann kommen Belege in Ihrem Unternehmen vor?
- Über welche Kanäle – analog oder digital – erreichen die Belege Sie?

Verschaffen Sie sich einen umfassenden Überblick über den Belegverkehr in Ihrem Unternehmen. Betrachten Sie den Prozess sowohl von der Seite der eingehenden Dokumente als auch der ausgehenden Dokumente und vollziehen Sie den Weg der Belege von der Entstehung bis zur Löschung nach (Belegfluss).

Der Begriff „Beleg" ist in diesem Ratgeber als Sammelbegriff für eine Vielzahl von analogen und digitalen Dokumenten zu verstehen. Er steht für Schriftstücke, Rechnungen, Verträge, Quittungen sowie für E-Mails, Dateien und Ähnliches.

Belegarten: Fremd- und Eigenbelege

An Belegen fallen Fremd- oder Eigenbelege in Papierform oder in digitaler Form an. **Fremdbelege** kommen von außen. Diese Belege gehen in Ihr Unternehmen mit der Eingangspost ein und werden deshalb auch als **Eingangsbelege** bezeichnet (z. B. Rechnung vom Lieferanten oder Post vom Finanzamt).

Eigenbelege hingegen sind all jene Belege, die von einem Unternehmen selbst erstellt werden. Bei den Eigenbelegen wird noch einmal zwischen **Ausgangsbelegen** und **internen Belegen** unterschieden. Ausgangsbelege geben Sie an Dritte (z. B. Kunden oder Geschäftspartner) weiter. Das sind zum Beispiel Rechnungen für von Ihrem Unternehmen erbrachte Leistungen. Interne Belege behalten Sie im Unternehmen – beispielsweise interne Kalkulationen oder Arbeitsanweisungen.

Belegkanäle: analog oder digital

Nachdem Sie sich einen Überblick über die Belege verschafft haben, analysieren Sie auch, über welche Kanäle die Belege im Unternehmen auftauchen. Belege können auf einem analogen oder digitalen Weg in Ihr Unternehmen gelangen. Eingangsbelege können auf dem **analogen Weg** per Post, per Übergabe oder per Fax und auf dem **digitalen Kanal** per E-Mail, per Download aus einem Portal oder per elektronischer Schnittstelle eingehen.

Über welche Kanäle kommen die Eingangsbelege?	
Analoger Kanal	**Digitaler Kanal**
» per Post	» per E-Mail
» per Übergabe	» per Download
» per Fax	» per Schnittstelle

Jede dieser Belegarten (ob papiergebunden oder digital) müssen Sie erfassen, bearbeiten und archivieren. Dazu brauchen Sie ein nachvollziehbares Ordnungs- und Ablagesystem, das Ihre Arbeitsabläufe effizient abbildet und unterstützt. Die wichtigste Regel für die Einführung dieses Systems lautet: Jedes Dokument hat einen festen Platz, der vorab definiert wird. Definieren Sie feste Plätze für Ihre Belege vom Eingang bis zur Archivierung – und schon stellt sich Ordnung wie von selbst ein!

Belegfluss im Unternehmen

Wenn Sie sich den Belegfluss in Ihrem Unternehmen anschauen, bekommen Sie ein gutes Verständnis dafür, wie Sie Ihr Ordnungs- und Ablagesystem strukturieren können. Planen Sie Ihr Ordnungskonzept „von vorne" – ausgehend von der Richtung Ihrer Arbeitsabläufe. Belege kommen herein, werden bearbeitet, abgelegt und schließlich vernichtet. Bildhafter ausgedrückt: Schauen Sie sich den Lebenszyklus eines Belegs an, von der Geburt bis zum Tod. Dabei steht Geburt für den Belegeingang bzw. für die Belegentstehung und Tod für die Vernichtung des Belegs. Der Beleg durchlebt vier Lebensphasen, den G.A.R.T-Zyklus.

Die vier Lebensphasen eines Belegs (G.A.R.T-Zyklus)	
	1) „**G**" wie Geburt = Belegeingang/-entstehung
	2) „**A**" wie Aktion = dynamische Ablage
	3) „**R**" wie Ruhestand = statische Ablage/Archivierung
	4) „**T**" wie Tod = Vernichtung

Lebensstation 1: Belegeingang/-entstehung („Geburt")

Ein Beleg tritt in Ihr Leben, beispielsweise über Ihren Briefkasten, über Ihr E-Mail-Postfach oder indem Sie den Beleg selbst erzeugen (z. B. Kundenrechnung). Jetzt geht es darum zu entscheiden, was mit dem Beleg geschehen soll: in den Papierkorb, direkt archivieren („Ruhestand") – oder sind mit dem Beleg Aktionen verbunden?

Was geschieht mit dem Beleg? (Triple-A-Frage)	
	1) **A**bfall (Papierkorb)?
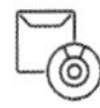	2) **A**rchivierung?
	3) **A**ktion? ⇒ Dynamische Ablage

Im einfachsten Fall erhalten Sie einen Beleg ohne Wert wie z. B. einen Werbeflyer, der Sie nicht weiter interessiert und den Sie in den Müll werfen können (Kategorie Abfall). Vielleicht ist es auch ein Beleg (z. B. eine Versicherungspolice), den Sie nicht weiterbearbeiten, sondern nur archivieren müssen (Kategorie: Archivierung). Sind mit dem Beleg Aufgaben verbunden, dann wandert er zuerst in die Kategorie „dynamische Ablage" zur Weiterbearbeitung. Beispielsweise haben Sie mit der Briefpost eine Eingangsrechnung bekommen. Die Eingangsrechnung ist auf Richtigkeit zu prüfen, der Rechnungsbetrag ist zu überweisen und in der Buchführung zu erfassen, bevor die Rechnung archiviert werden kann.

Lebensstation 2: dynamische Ablage („Aktion")

Die Bezeichnung „dynamisch" lässt es vermuten: Hier ist etwas noch im Fluss, in Bewegung, in Aktion. In die dynamische Ablage wandern alle Belege, mit denen noch etwas geschehen muss. Sie sind in Arbeit, gehören zu unerledigten Aufgaben oder laufenden Projekten, warten auf Aktion.

Lebensstation 3: statische Ablage/Archivierung („Ruhestand")

In der Endablage werden Belege abgelegt, die grundsätzlich im Tagesgeschäft nicht mehr benötigt werden. Sie gehen in den Ruhestand. Mit ihnen muss nichts mehr getan werden. Sie werden aber aufgrund gesetzlicher Aufbewahrungsfristen oder aus innerbetrieblichen Gründen nicht sofort, sondern erst nach Ablauf der Aufbewahrungsfrist entsorgt.

Lebensstation 4: Vernichtung („Tod")

Ist die gesetzliche Aufbewahrungsfrist abgelaufen, können die Belege vernichtet bzw. die Daten gelöscht werden. Ade!

Los geht's

Sie kennen jetzt die unterschiedlichen Belegarten, Sie wissen, über welche analogen und digitalen Kanäle die Belege bei Ihnen eingehen und wie der Belegfluss in Ihrem Unternehmen aussieht. Jetzt ist Ihre Tatkraft gefragt! Machen Sie eine Bestandsaufnahme!

Aufgabe

Beantworten Sie die folgenden Fragen:

- Was fällt alles an digitalen und Papier-Belegen an?
- Wo finden Sie diese und über welche Kanäle treffen diese Belege bei Ihnen ein?
- Welche Ablagebegriffe und Ordnerstrukturen sind vorhanden?

Nehmen Sie sich ausreichend Zeit für das Brainstorming und notieren Sie Ihre Ergebnisse auf analogen Moderationskarten oder gleich in digitaler Form auf *Trello* (virtuelle Pinnwand). Durch das flexible Hin- und Herschieben der Karten können Sie ausprobieren, was wie zusammenpasst, übergeordnete Themenbereiche finden und eine sinnvolle Reihenfolge bestimmen. Beziehen Sie Ihre Mitarbeiter dabei ein. Bedenken Sie: Vielleicht erscheint das, was Sie logisch finden, Ihren Mitarbeitern absolut unlogisch. Seien Sie daher offen für die Anregungen anderer und setzen Sie nicht Ihre Vorstellungen um jeden Preis durch. Jetzt steht Ihre Grobstruktur.

Tool-Tipp: *Trello*

Trello ist ein webbasiertes Aufgaben- und Projektmanagement-Tool, mit dem Sie allein oder im Team Aufgaben verwalten, priorisieren und steuern können. *Trello* basiert auf der *Kanban-Methode.* Ausgangspunkt für alle Aktivitäten ist das Board (virtuelle Pinnwand), auf dem Sie mit Listen und Karten arbeiten können. Auf dem Kanban Board werden alle Aufgaben einfach visualisiert dargestellt; damit bekommen Sie und Ihr Team einen schnellen Überblick über alle offenen Vorgänge. Die Nutzung ist in der Basisversion kostenlos.

2. Soll-Zustand definieren

Sobald der Ist-Zustand analysiert ist, geht es zum nächsten Schritt, der Definition des Soll-Zustands. Um Ihr Vorhaben effizient und möglichst reibungslos umzusetzen, brauchen Sie einen **Digitalisierungsplan**, in dem Sie die gewünschten Standards konkret definieren und damit den Arbeitsablauf und die zukünftige Organisation Ihres Unternehmens festlegen.

Wie schön wäre es, wenn ich Ihnen sagen könnte: Ein Digitalisierungsplan muss genau so aussehen und nicht anders. Doch aufgrund der Verschiedenartigkeit der Unternehmen ist ein Digitalisierungsplan immer sehr individuell und muss auf den Bedarf Ihres Unternehmens zugeschnitten sein.

Wie sollen Sie jetzt anfangen?

Stellen Sie sich zu Beginn die folgenden Leitfragen:

» Welche Belege müssen abgelegt werden?
Was kann gelöscht werden?

» In welcher Form und in welchem Ablagemedium soll aufbewahrt werden?

» Wie finde ich meine Informationen schnell wieder?

1. Welche Belege müssen abgelegt werden? Was kann gelöscht werden?

Überlegen Sie grundsätzlich, welche Papiere oder elektronischen Dokumente abgelegt werden müssen. Alles, was Sie gleich wegwerfen können, spart Energie und Zeit in der Zukunft. Es gibt eine ganze Reihe von Gründen, warum bestimmte Dokumente aufbewahrt werden sollten oder sogar müssen. So gibt es Dokumente, deren Aufbewahrung gesetzlich verlangt wird (dazu später mehr). Ein weiterer Grund für die Ablage von Dokumenten besteht darin, dass sich dadurch bestimmte Vorgänge nachvollziehen oder sogar beweisen lassen. Oder Sie wollen

Wissen speichern, das ansonsten möglicherweise unwiederbringlich verloren wäre.

Gründe für die Aufbewahrung von Dokumenten

1. Der Gesetzgeber verlangt die Aufbewahrung.
2. Sie möchten Vorgänge nachweisen können.
3. Sie möchten Wissen speichern.

2. In welcher Form und in welchem Ablagemedium soll aufbewahrt werden?

Sie haben entschieden, dass das Dokument aufbewahrt werden soll. Dann lautet die nächste Frage, ob es ausschließlich digital oder doch besser in Papierform aufbewahrt werden sollte – oder in beiden Formaten. Daran schließt sich an, in welchem Ablagemedium Sie das Dokument aufbewahren wollen. Wie werden Papierbelege abgelegt, wie elektronische, wie die E-Mails? Im Büro gibt es drei Ablagearten. Ganz klassisch in Papierform, digitale Belege auf dem PC, Laufwerk oder in der Cloud. Und natürlich E-Mails in ihrem E-Mail-Programm (wie z. B. in *Outlook*).

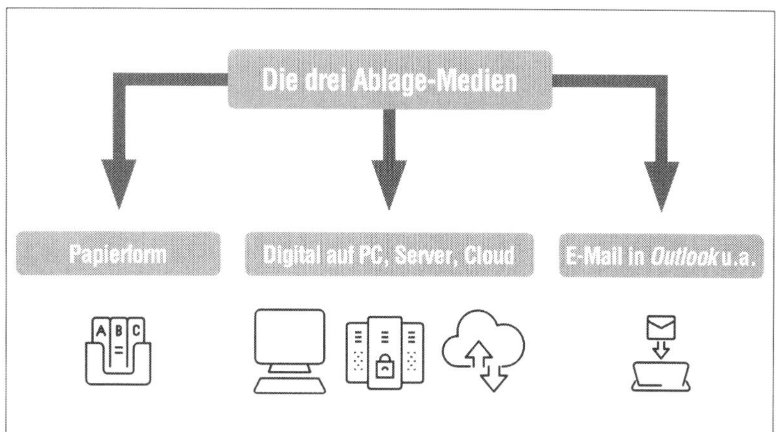

In der Papierwelt organisieren Sie Ihre temporäre Ablage mit Ablagekörben, Sammelmappen, Stehsammler oder Hängeregister. Die Endablage erfolgt in der Papierwelt meist in Ordnern und Aktenschränken. Im digitalen Bereich stehen Ihnen Ihr persönliches Laufwerk auf dem PC, das allgemeine Laufwerk auf dem Firmenserver oder in der Cloud und Ihr E-Mail-Programm als Ablagemedien zur Verfügung. Arbeiten Sie im Team, sollten Sie die zentrale Ablage Ihrer wichtigen digitalen Dokumente immer dem persönlichen Ordner vorziehen, sodass im Vertretungsfall die Kollegin oder der Kollege auch darauf zugreifen kann.

Wichtige Dokumente gehören immer in die Zentralablage und nicht in die persönliche Ablage.

Die Herausforderung ist es, den Spagat zwischen den verschiedenen Ablagearten (Papier, PC, E-Mail), der persönlichen und zentralen Ablage und den Ablagestationen (temporäre Ablage und Endablage) zu meistern.

3. Wie finde ich meine Informationen schnell wieder?

Erinnern Sie sich? Die Grundregel für ein gutes Ordnungs- und Ablagesystem ist, dass alles „seinen vordefinierten Platz" hat. Das schaffen Sie, indem Sie gleiche Ordnerstrukturen für den analogen und digitalen Bereich festlegen und auch die Benennung der Dokumente einheitlich definieren. **Wichtig:** Halten Sie Papier- und EDV-Ablage identisch – nutzen Sie die gleichen Ordnungsprinzipien und Begriffe. Verwenden Sie die Benennung Ihrer Aktenordner auch bei Ihren elektronischen Ordnern. Übertragen Sie das Inhaltsverzeichnis bzw. die Bezeichnungen der Trennregister Ihres Aktenordners auf die Unterordner Ihrer digitalen Ablage. Das Synchronisieren stellt sicher, dass Sie genau wissen, wo sich bestimmte Dokumente befinden, und erleichtert insgesamt die Organisation der digitalen Dateien und der Papierbelege.

Synchronisieren Sie papierbasierte & digitale Ablage

Stimmen Sie Ihre Ablage- und Ordnerstruktur für die Papierwelt und für die digitale Welt aufeinander ab. Übertragen Sie Ihre Papierablage möglichst eins zu eins auf Ihre digitale Ablage.

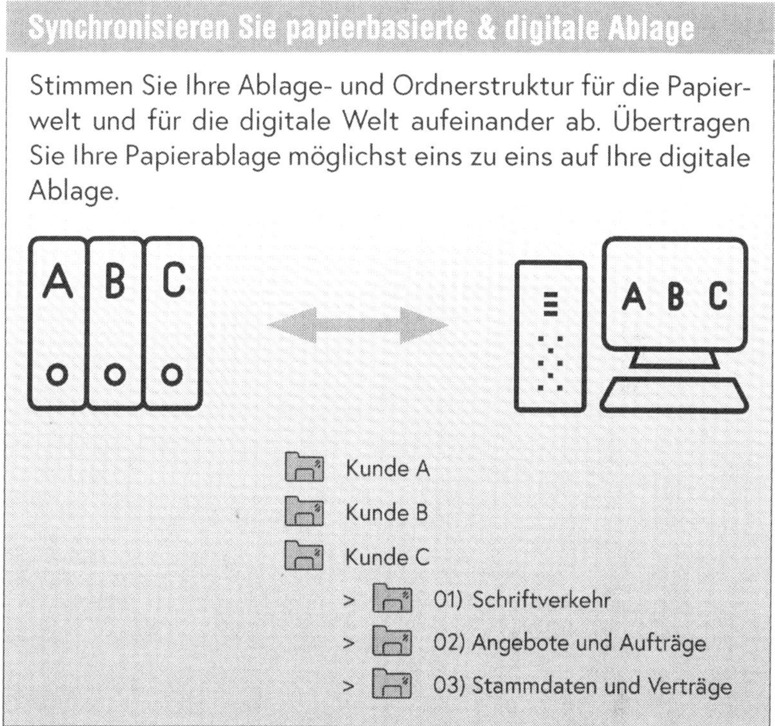

Entwerfen Sie Ihren Digitalisierungsplan nicht nur im Kopf, sondern legen Sie ihn auch schriftlich nieder und besprechen Sie ihn mit Ihren Mitarbeitern. Natürlich macht das Erstellen eines solchen Plans einmalig zusätzlich Arbeit, aber er wird Sie bei der täglichen Arbeit dauerhaft entlasten.

Bei aller Voraussicht und Planung entstehen manche Wege erst beim Gehen. Wenn sich im Büroalltag herausstellt, dass Ihr Plan an der einen oder anderen Stelle etwas hakt, zögern Sie nicht, die notwendigen Ergänzungen und Änderungen vorzunehmen.

Zusammenfassung Teil III

In diesem Teil haben Sie die ersten Schritte in Ihr digitales Büro unternommen. Sie haben sich klargemacht, dass die Ordnung die Mutter der Besteckkiste ist und auch in Ihrer digitalen Büroorganisation die Regie übernehmen muss. Denn ohne einen genauen Überblick über den gesamten Belegfluss in Ihrem Unternehmen und die Lebenszyklen Ihrer Belege von deren Eingang bis zu deren Vernichtung werden Ihre Digitalisierungsbestrebungen im Datenchaos enden. Wenn Sie den Soll-Zustand Ihres digitalen Büros definiert, den Weg Ihrer Belege in die drei As (Abfall, Archivierung, Aktion) konzipiert, die digitale mit der analogen Ablage synchronisiert und dabei auch noch Ihre Mitarbeiter „mitgenommen" haben, steht einer erfolgreichen Umsetzung Ihres digitalen Büros nichts mehr im Weg.

„Es ist nicht genug zu wissen –
man muss auch anwenden.

Es ist nicht genug zu wollen –
man muss auch tun.“

~ JOHANN WOLFGANG VON GOETHE ~

Teil IV:
Die Umsetzung und der Workflow

In diesem Teil erfahren Sie …

- wie Sie Ihre konkreten Arbeitsabläufe digital reorganisieren: Papierbelege reduzieren, verbleibende Papierbelege scannen, alles smart ablegen
- wie Ihr E-Mail-Programm zur Schaltzentrale der täglichen Arbeit wird
- wie Sie die großen Bürodisziplinen (Aufgaben, Termine, E-Mails, Besprechungen) digital meistern

Gute Workflows leben davon, von Beginn an strukturiert aufgebaut zu sein. Im vorigen Kapitel haben Sie erfahren, wie Sie Ihr Spielfeld für das digitale Büro abstecken. Jetzt geht es um die Umsetzung und den Workflow. Darum, wie Sie eingehende und ausgehende Dokumente digital organisieren, die großen Tätigkeitsfelder in Ihrem Büroalltag (Aufgaben, Termine, E-Mails, Besprechungen) digital meistern und eine Ablage- und Ordnerstruktur aufbauen.

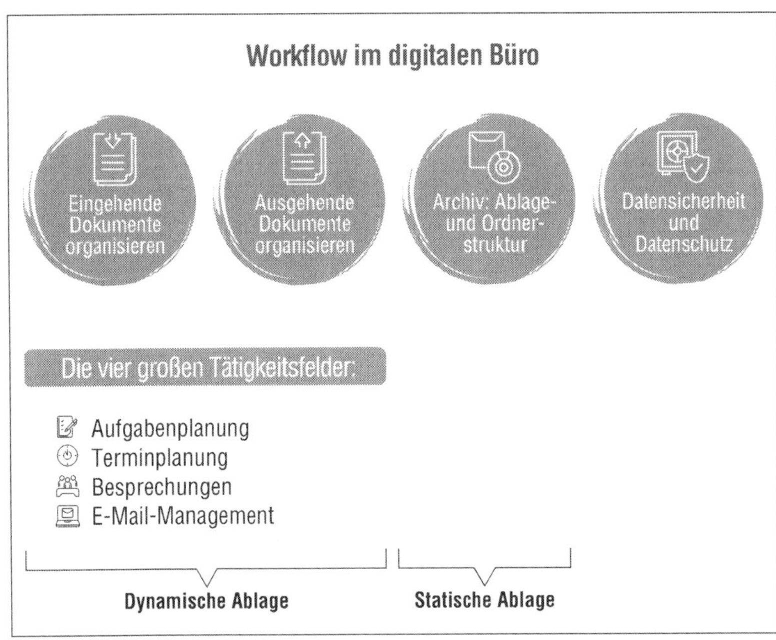

Der Begriff Workflow umschreibt nichts weiter als den Arbeitsablauf, also die Reihenfolge verschiedener Arbeitsschritte, die in irgendeiner Art und Weise miteinander zusammenhängen. Die Umstellung auf ein papierloses Büro hat Einfluss auf Ihre betrieblichen Arbeitsabläufe. Schließlich erfolgt die Umstellung nicht einzig und allein um der Umstellung willen, sondern, um Betriebsabläufe effizienter zu gestalten.

Der Posteingang: eingehende Dokumente organisieren

Im Posteingang erhalten Sie permanent Belege analoger und digitaler Art. Die Bearbeitungsregeln des Posteingangs sind grundsätzlich unabhängig von Papier oder Elektronik und vom Kanal, über den Sie der Beleg erreicht. Sie erhalten Papierbelege mit der Post, Sie bekommen Belege als E-Mail, per Upload über eine elektronische Schnittstelle oder auf einem Online-Portal wie einer Verkaufsplattform oder einem Online-Shop, Sie sammeln Belege wie Quittungen beim Tanken, Einkaufen, im Restaurant. Ganz gleich, auf welchem Weg der Beleg in das Unternehmen gelangt, nun gilt es zu entscheiden, was damit geschehen soll. Denn der eingehende Beleg kann entweder weggeschmissen oder archiviert werden (statische Ablage) oder er löst weitere Aktionen aus, weshalb er in die dynamische Ablage wandert.

Bearbeitung des Posteingangs nach der *„Triple A“* -Regel

Sie arbeiten produktiv, wenn Sie auf jedem Blatt Papier nur einmal Fingerabdrücke hinterlassen – natürlich gilt das für elektronisch eingehende Dokumente im übertragenen Sinn. Anders ausgedrückt: Fassen Sie Dinge möglichst nur einmal an. Sie können Fingerabdrücke reduzieren, indem Sie Ihre Eingangsbelege nach der ***AAA-Regel*** bearbeiten oder auf Neudeutsch: nach der ***„Triple A"-Regel*** (klingt cooler). Was hat es mit der *AAA-Regel* auf sich? Alle Eingangsbelege gehören in eine der drei nachfolgenden Hauptkategorien. Fragen Sie sich für jeden Beleg, zu welcher Kategorie er gehört:

Abfall?

In den Papierkorb kommt alles, was Sie nie wieder nutzen oder was Ihnen unproblematisch jederzeit aktualisiert zur Verfügung steht. Dokumente ohne Wert wie Werbebriefe und Prospekte vernichten Sie direkt.

Archivierung?

Dokumente, die aus heutiger Sicht keine Aktivität erfordern, aber wichtig sind oder in der Zukunft wichtig werden könnten, sind zu archivieren. In die **statische Ablage** kommen Belege zu abgeschlossenen Vorgängen, die zur Dokumentation oder als Nachweise aufgehoben werden müssen.

Aktion?

Viele Dokumente erfordern eine Aktion von Ihnen. In die **dynamische Ablage** kommen alle Vorgänge, die noch bearbeitet oder permanent gebraucht werden.

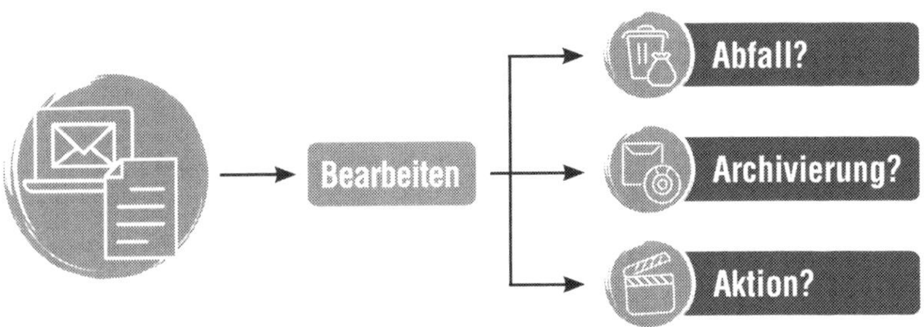

Tipp: großer Papierkorb

„Die Basis einer gesunden Ordnung ist ein großer Papierkorb." (Kurt Tucholsky)

Seien Sie mutiger im Umgang mit der „Ablage rund" und der „Entfernen-Taste". Fragen Sie immer: Werde ich das in Zukunft noch brauchen? Was weg kann, kostet künftig keine Energie und Zeit mehr.

Alle Papierbelege aus Post und Alltag, die nicht im Papierkorb entsorgt werden, sind systematisch einzuscannen und als PDF der entsprechenden Ablage (dynamische oder statische Ablage) zuzuordnen. Geht ein Eingangsbeleg analog ein, kann dies auf verschiedenen Kanälen geschehen, nämlich per Übergabe, per Post oder per Fax. Für jeden dieser Kanäle müssen Sie entscheiden, wie Sie beim Scannen vorgehen.

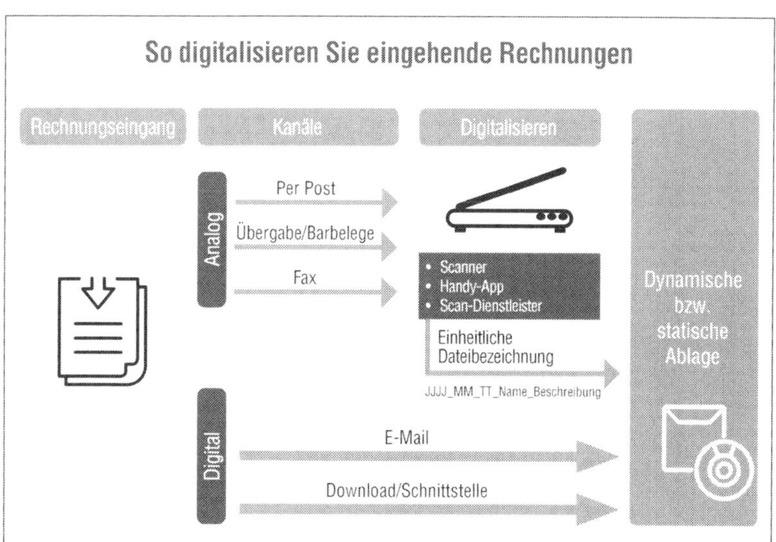

Sie können selbst scannen oder einen externen Scan-Dienstleister beauftragen. Dienstleister wie *E-Postscan, Caya, Dropscan*

sichten Ihre analoge Briefpost, scannen diese und stellen Sie Ihnen in einem elektronischen Briefkasten zur Verfügung.

Tool-Tipp: digitaler Briefkasten

Sie können Ihre Briefpost von einem externen Anbieter digitalisieren lassen – und sich so das Scannen sparen. Mit dem „digitalen Briefkasten" landet Ihre tägliche Briefpost nicht mehr im Briefkasten, sondern sie wird an ein Digitalisierungszentrum weitergeleitet, dort eingescannt und Ihnen als E-Post zur Verfügung gestellt. Die digitalisierten Briefe erhalten Sie an Ihre E-Mail-Adresse oder Sie können sie über eine App abrufen. Was anschließend mit den eingescannten Originalen passiert, können Sie frei entscheiden. So können Sie sich das Original zuschicken lassen, Sie können es aber auch durch den Scan-Dienstleister archivieren oder vernichten lassen. Anbieter für den „digitalen Briefkasten" sind zum Beispiel die Deutsche Post mit *E-Postscan*, *Dropscan* oder *Caya*.

Wenn Sie sich ganz oder partiell für das eigene Scannen entscheiden, sichten Sie selbst alle analogen Eingangsbelege, die Sie per Post, per Fax oder per Übergabe erreichen, und digitalisieren diese per stationärem Scanner oder Handy-App.

Richtig scannen

Beim Scannen sind einige Punkte zu beachten, damit Sie anschließend Ihre Dokumente problemlos lesen und gut weiterbearbeiten können. Folgende Tipps sind dafür hilfreich:

» **Die richtigen Einstellungen**

Achten Sie vor allem auf das Format (PDF), die Größe, die Auflösung, die Möglichkeit eines Duplex-Scans und das Entfernen leerer Seiten. Wählen Sie im Scanprofil außerdem den Zielordner, damit Sie die Kopie sofort korrekt ablegen. Am besten erstellen Sie sich gleich verschiedene Scanprofile, zwischen denen Sie nach Bedarf wählen können. So vermeiden Sie zeitintensives manuelles Nacharbeiten.

» **Optical Character Recognition (OCR)**

Wählen Sie OCR (Texterkennung) als Grundeinstellung, um eine spätere Suche innerhalb der Dokumente zu ermöglichen. Diese Einstellung bieten Ihnen alle modernen Scanner.

» **Paginierungsstempel (optional)**

Wenn Sie einen ausgeprägten Ordnungsfimmel haben und dem Finanzamt Freudentränen entlocken wollen, dann nutzen Sie einen Paginierungsstempel. Ein Paginierungsstempel stempelt eine fortlaufende Nummer und schaltet dabei jedes Mal automatisch eine Zahl weiter. Vor dem Scannen erhält der Originalbeleg dann eine fortlaufende Nummer mit dem Paginierungsstempel. Wenn Sie den Scan abspeichern, integrieren Sie die fortlaufende Nummer in den Dateinamen – so schaffen Sie eine Verbindung zwischen Papier-Original und PDF-Datei.

Gescannte Originale smart ablegen – Box statt Ordner

Ist das Originaldokument ordentlich gescannt worden, kann es für wirkliche Härtefälle noch auffindbar in einer Sammelkiste archiviert werden. Vergessen Sie an dieser Stelle, die Belege mit einer buchhalterischen Gründlichkeit in Ordner abzuheften – der Aufwand lohnt sich nicht. Seien Sie smart und schmeißen Sie die gescannten Originalbelege getrennt nach Buchführungsbelegen und allgemeinen Dokumenten eines Jahres in Aufbewahrungsboxen. Macht also zwei Aufbewahrungsboxen pro Jahr. Die Boxen fassen mehr Dokumente als Ordner, sind günstiger und der damit einhergehende Ablageprozess ist enorm zeitsparend. Sollten Sie in einem seltenen Fall doch noch einen Originalbeleg brauchen, dann wühlen Sie sich eben durch die Box. Das Mehr an Suchzeit haben Sie im Vorfeld um das 100-Fache an Ablagezeit eingespart. Sind die Boxen voll, dann einfach beschriften und ab in den Keller damit. Wenn Sie einen Paginierungsstempel nutzen (siehe oben), notieren Sie zusätzlich auf der Box die Nummern des ersten und des letzten Dokuments.

Papiervermeidung statt Scannen!

Setzen Sie auf Papiervermeidung statt Scannen. Das Scannen ist nur eine Hilfslösung für Belege, die nicht vermieden werden können und momentan noch auf Papier vorliegen. Besser ist es, dieses unnötige Papier von vornherein zu vermeiden. Schreiben Sie Ihre Geschäftspartner, Kunden und Lieferanten an und bitten Sie darum, Ihnen alle anfallenden Dokumente wie Rechnungen, Angebote und sonstige Anschreiben nur noch per E-Mail zukommen zu lassen. Die Vorteile: Die digital eingehenden Dokumente können Sie direkt medienbruchfrei weiterbearbeiten und Sie schonen zugleich die Umwelt durch Reduzierung des Papierverbrauchs und Vermeidung von Transportemissionen.

Scannen statt kopieren. Immer wenn Sie was kopieren wollen, überlegen Sie, ob es nicht sinnvoller ist, es gleich zu scannen. Es kostet Sie den gleichen Zeiteinsatz, aber Sie haben den Vorteil, dass Sie die Information digital zur Verfügung haben.

Eigene E-Mail-Adresse für Rechnungseingang anlegen

Aufgrund der täglichen E-Mail-Flut können Sie Rechnungen leicht übersehen.

| **Tipp:** Richten Sie für den Rechnungseingang eine zentrale E-Mail-Adresse ein (z. B. rechnungseingang@musterfirma.de) und kommunizieren Sie diese an Ihre Lieferanten. Das zentrale Rechnungspostfach sollte direkt von der für das Rechnungswesen verantwortlichen Person überwacht werden.

| **Tipp:** Der folgende Tipp ist banal, aber sehr zeitsparend. Geben Sie Ihren Lieferanten eine Einzugsermächtigung, dann sparen Sie sich den Aufwand, fällige Beträge selbst zu überweisen, und vermeiden Mahnungen. Die Einzugsermächtigung ist entgegen landläufiger Meinung die sicherste Zahlungsform, da Sie der Abbuchung innerhalb einer Frist von 6 Wochen widersprechen können und das Geld dann sofort auf Ihr Konto zurückerstattet bekommen.

Tool-Tipp: *GetMyInvoices* – der Rechnungsmanager

GetMyInvoices ist eine Rechnungsmanagement-Software. Sie holt Ihre Eingangsrechnungen aus über 10.000 Portalen (wie z. B. *Amazon, 1u1, Telekom*) automatisch ab und speichert sie an einem zentralen Ort. Sie benötigen nur ein Login und haben Zugriff auf alle Rechnungen aus zahlreichen Portalen – ohne jedes Anbieterportal einzeln anzuwählen. Damit sparen Sie die Zeit der Suche und des manuellen Downloads.

Eine Alternativempfehlung ist das Tool *invoicefetcher*.

„Wer immer tut, was er schon kann,
bleibt immer das, was er schon war.“

~ HENRY FORD ~

Ihr (digitaler) Schreibtisch: dynamische Ablage organisieren

Alle Dinge, die noch in Bearbeitung oder in der Schwebe sind, über die noch entschieden werden soll, fasse ich unter dem Begriff „dynamische" oder „temporäre" Ablage zusammen. In die dynamische (bzw. temporäre) Ablage kommen alle Belege und Dokumente, mit denen noch etwas geschehen muss. Sie sind in Arbeit, gehören zu unerledigten Aufgaben, laufenden Projekten oder warten auf Aktion. Hier sind die Baustellen beheimatet. Die Ablage erfolgt deshalb zunächst „temporär" – bis zur endgültigen Erledigung des Vorgangs, dann wandert der Beleg in die statische Ablage (Archiv). In der Regel arbeiten wir zu 80 Prozent im dynamischen und zu 20 Prozent im statischen Bereich. Im dynamischen Bereich läuft vornehmlich die tägliche Büroarbeit ab.

Bei der dynamischen Ablage gibt es vier große Tätigkeitsfelder:

Die vier großen Tätigkeitsfelder der dynamischen Ablage	
	1) Aufgabenplanung
	2) Terminplanung
	3) Besprechungen
	4) E-Mail-Management

Die dynamische Ablage ist **aufgabenorientiert**. Sie hat den Zweck, den Beleg im Büroalltag griffbereit zu platzieren, um offene Aufgaben effizient erledigen zu können. Organisieren Sie die Ablage von Informationen zu offenen Vorgängen nach drei Kriterien:

 **Termin** – das wird an einem bestimmten Tag benötigt

 **Aufgabe** – damit ist etwas zu tun

 **Warten** – das wird später gebraucht

In der Papierwelt ist der Schreibtisch die Schaltzentrale des Büromenschen. Sie organisieren Ihre Aufgaben, Termine und wartenden Unterlagen – und nutzen dabei verschiedene analoge Hilfsmittel wie Taschenkalender, Notizbücher, Listen, Mappen, Hängeregister oder Ordner, die für einen effizienten und schnellen Zugriff im Umfeld des Schreibtischs platziert sind. Und in der digitalen Welt? Sie sitzen jetzt zwar immer noch am selben Schreibtisch, aber die Funktion der Schaltzentrale ist auf Ihre digitale Arbeitsfläche transferiert und Ihr Bildschirm ist das Fenster darauf.

Outlook als digitalen Schreibtisch verwenden

In der Geschäftswelt hat die E-Mail den Brief als Kommunikationsform Nummer 1 abgelöst – der Großteil der Korrespondenz mit Kunden, Lieferanten, Geschäftspartnern und Kollegen läuft per E-Mail ab.

Im digitalen Büro wird Ihr E-Mail-Programm zum digitalen Schreibtisch bzw. zur Schaltzentrale der täglichen Arbeit – das Programm ist der Ersatz für die meisten Werkzeuge und Hilfsmittel Ihres Schreibtischs im Papierzeitalter. Für diese vielfältige Funktion eignet sich zum Beispiel das E-Mail-Programm *Outlook*. Mit *Outlook* können Sie die drei großen Tätigkeitsfelder (Aufgabenplanung, Terminplanung, E-Mail-Management) optimal zusammenführen.

Dadurch, dass in *Outlook* E-Mails, Kalender, Kontakte, Aufgaben und vieles mehr an einem Ort gebündelt werden, können Sie effizient und produktiv damit arbeiten. Es liegt also nahe, dass Sie auch die Planung ihrer Termine und Aufgaben über *Outlook* erledigen. So haben Sie stets alles im Blick und müssen nicht ständig zwischen verschiedenen Programmen oder sogar Medien (Papier oder digital) hin- und herspringen, sondern finden alles in einem Programm.

Produktivitätstipp: die *Einser-Regel*

Nutzen Sie genau ein Tool oder Hilfsmittel, also für Ihre Termine nur einen Kalender, für Ihre Aufgaben nur eine To-do-Liste und für Ihre Notizen nur ein Notizbuch bzw. eine Notiz-App. Durch diese simple *Einser-Regel* vereinfachen Sie Ihr Leben und behalten einen besseren Überblick im Büroalltag.

„Ein Problem ist halb gelöst, wenn es klar formuliert ist."

~ JOHN DEWEY ~

Aufgabenplanung: mit *Outlook* Aufgaben im Griff behalten

Machen Sie nicht den Fehler und führen Sie mehrere Aufgabenlisten parallel: die tägliche Aufgabenliste auf einem Schmierpapier, die Wochenliste in *Excel*. Auf dem Handy sind weitere Aufgaben erfasst und dann kleben noch gelbe Haftnotizen am Bildschirmrand. Mehrere Aufgabenlisten in verschiedenen Medien machen Ihnen den Büroalltag schwer. Eine Aufgabenliste sollte Ihnen helfen, Übersicht über die Arbeit zu behalten, nichts zu vergessen und Aufgaben rechtzeitig zu erledigen.

Damit Sie sich nicht verzetteln (im wahrsten Sinne des Wortes),

> **Führen Sie genau eine Aufgabenliste – und zwar in *Outlook*!**

führen Sie genau eine Aufgabenliste an einem einzigen Ort, und zwar in Outlook! Dieser Tipp ist im Grunde ziemlich einfach, aber viele beherzigen ihn nicht und verzetteln sich. Nur wer eine einzige Liste führt, kann nichts übersehen. Ob im Büro oder unterwegs, Sie haben mit *Outlook* eine optimale Synchronisation zwischen den Geräten. So können Sie von überall Ihre Aufgaben organisieren und behalten einen perfekten Überblick. Der Vorteil gegenüber der Zettelwirtschaft: Elektronische Aufgabenlisten können beispielsweise Aufgaben filtern, durchsuchen oder mit Fälligkeit versehen, die dann automatisch angemahnt wird. Und noch ein Plus: Da Sie in *Outlook* auch Ihre E-Mail-Korrespondenz, Ihre Kontakte und Termine verwalten, können Sie all diese *Outlook*-Elemente einfach per Mausklick direkt in Aufgaben umwandeln, was die Aufgabenplanung sehr vereinfacht. Damit die Aufgabenliste auch übersichtlich bleibt, trennen Sie zwischen Aufgaben und Terminen. Häufig vermischen wir beides, was nicht empfehlenswert ist. Was aber ist der Unterschied zwischen einem Termin und einer Aufgabe?

Termine:

Termine besitzen im Unterschied zu Aufgaben ein konkretes Datum. Ein Termin beantwortet die Frage: wann genau? Ein Termin findet genau zu dem Zeitpunkt statt, für den er geplant ist. Zum Beispiel: Sie müssen zu einem bestimmten Zeitpunkt (am Donnerstag um 15 Uhr) an einem bestimmten Ort (bei Herrn Mustermann in Musterhausen) sein.

→ Termine werden in den Kalender eingetragen.

Aufgaben:

Eine Aufgabe ist eine konkrete Tätigkeitsbeschreibung. Eine Aufgabe beantwortet die Frage: was genau? Aufgaben sind Dinge, die man erledigen muss und die nicht an einen genauen Zeitpunkt gebunden sind. Sie können ein Fälligkeitsdatum haben (ist zu bearbeiten bis), aber wann genau man die Aufgabe erledigt, ist nicht vorgegeben: Sie müssen das Angebot dem Kunden bis Donnerstag zusenden. Ob Sie das Angebot am Montag, am Mittwochabend oder Donnerstagfrüh fertigstellen, spielt keine Rolle, solange Sie die Fälligkeit einhalten.

→ Aufgaben sind in der Aufgabenliste zu notieren.

Also: Termine sind an einen genauen Zeitpunkt gebunden, Aufgaben hingegen nicht. Achten Sie auf die Unterscheidung und halten Sie sich an die Regel: Aufgaben gehören auf die Aufgabenliste und Termine in den Kalender.

Produktivitätstipp: *2-Minuten-Regel*

Aufgaben, die sich innerhalb von zwei Minuten erledigen lassen, kommen nicht auf die Aufgabenliste, sondern werden sofort bearbeitet. Schieben Sie kleine Aufgaben nicht auf, sondern haken Sie sie sofort ab. Diese Empfehlung wird auch als *2-Minuten-Regel* bezeichnet. Warum zwei Minuten? Weil das Anlegen eines neuen To-do-Punkts sowie das erneute „Anfassen" und Hineindenken in diesem Fall mehr Zeit kostet, als die Aufgabe direkt zu erledigen. Die Regel fördert eine produktive Arbeitsweise und schützt Ihre Aufgabenliste vor Überfrachtung. Also: Kleine Dinge sofort erledigen, das schafft Platz im Postfach und im Kopf.

Die Aufgabenfunktion von *Outlook* bietet im Grunde alles, was Sie für ein effizientes Aufgabenmanagement brauchen:

- Sie können Aufgaben klar benennen, mit Notizen, Bildern und Dateien versehen, jederzeit Änderungen und Ergänzungen vornehmen sowie eine E-Mail mit den beigefügten Anhängen einfach in eine Aufgabe umwandeln.
- Sie können Aufgaben mit Start- und Fälligkeitsdatum versehen, die Erinnerungsfunktion ermahnt Sie, an die Fälligkeit einer Aufgabe zu denken.
- Sie können Aufgaben Prioritäten zuweisen (niedrig, normal, hoch) oder sie mittels Farben kategorisieren. Sie können den Status der Aufgaben festlegen (z. B.: nicht begonnen, in Bearbeitung, erledigt, wartet auf jemanden, zurückgestellt).

» Sie können Aufgaben anderen Personen zuordnen („Aufgabe zuweisen"), die die Aufgabe direkt in die eigene Aufgabenliste übernehmen können. So verschaffen Sie sich einen Überblick, welcher Kollege an welcher Aufgabe arbeitet und wie der Status ist.

» Für Routineaufgaben, die sich in regelmäßigen Abständen wiederholen, können Sie Serienaufgaben anlegen. Sie können den Rhythmus der Aufgaben einstellen („Serientyp"), z. B., ob wöchentlich, monatlich oder am 15. jedes Monats.

» Die Aufgabenfunktion in *Outlook* ist mit den anderen *Microsoft*-Programmen verknüpft. So können Sie zum Beispiel problemlos Informationen und Aufgaben mit *OneNote* austauschen.

In *Outlook* können Sie zwischen verschiedenen Ansichten Ihrer Aufgabenliste wählen. So können Sie nach Prioritäten, Kategorien, nach Fälligkeiten oder nach den „heute" fälligen Aufgaben selektieren und die Spalten frei nach Lust und Laune umsortieren. Dank der flexiblen Aufgabenliste können Sie mühelos Prioritäten setzen und behalten Fälligkeiten im Auge.

Für ein effektives Zeit- und Aufgabenmanagement (z. B. nach der *ALPEN-Methode*) ist auch die Angabe des Zeitbudgets erforderlich – also der Zeitbedarf, den Sie für die Erledigung der Aufgabe veranschlagen. An dieser Stelle schwächelt *Outlook*, denn es gibt dafür leider keine extra Funktion. Wenn Sie der Aufgabe ein Zeitbudget zuweisen wollen, können Sie aber das Potenzial der Betreffzeile nutzen. Stellen Sie einfach dem Aufgabenbetreff die geschätzte Bearbeitungszeit voran, wie zum Beispiel: „30 Min | Angebotserstellung Herr Mustermann". Damit erhalten Sie einen noch besseren Überblick, wie viel Arbeitszeit mit Ihren geplanten Aufgaben verbunden ist. Die Aufgaben lassen sich dann nach Bearbeitungszeit analysieren, beispielsweise, um zwischen zwei Terminen kleinere Aufgaben mit bis zu

15 Minuten Zeitbudget zu erledigen. Der psychologische Effekt: Bei einem konkreten Zeitbudget für Ihre Aufgaben zwingen Sie sich selbst dazu, die Vorgabezeit auch einzuhalten. Das gilt auch für die Delegation von Aufgaben via *Outlook*.

| **Wichtig:** Um die Aufgabenliste übersichtlich zu halten, gehört auch das regelmäßige Löschen von erledigten Aufgaben dazu. Schließlich ist es auch ein gutes Gefühl, Aufgaben auf der Liste abzuhaken.

Bei komplexeren Projektarbeiten und bei der Aufgabenverwaltung für größere Teams kommt *Outlook* gelegentlich an seine Grenzen. In solchen Fällen probieren Sie den *Microsoft Planner* (in *Microsoft 365* enthalten) oder das Projekt- und Aufgabenmanagement-Tool *Trello* aus.

Produktivitätstipp: Prioritäten richtig setzen

Alle Aufgaben sind notiert. Jetzt geht es darum, die richtigen Prioritäten zu setzen. Was ist wichtig und was ist dringend? Beide Begriffe klingen ähnlich, sind aber definitiv zwei unterschiedliche Paar Schuhe. Eine Aufgabe ist wichtig, wenn die Erledigung eine große Bedeutung für den Erfolg Ihres Unternehmens hat, aber dahinter kein Zeitdruck steht. Dringende Aufgaben sind zeitkritisch, sie haben meist eine Deadline. Für Ihren Erfolg können sie jedoch ganz unbedeutend sein. Fokussieren Sie sich auf die wichtigen Aufgaben. Stellen Sie sich vor, Sie fahren morgen in den Urlaub. Was würden Sie dann heute noch erledigen? Damit fokussieren Sie sich automatisch auf die wichtigsten Aufgaben. Alternativ können Sie sich folgende Frage stellen: Was sind die drei Aufgaben, die ich heute erledigen werde, damit mein Geschäft entscheidend nach vorne gebracht wird? Packen Sie die drei Aufgaben

in der Reihenfolge ihrer Wichtigkeit an. Wenn Sie fertig sind, nehmen Sie sich die nächsten drei Aufgaben mit der gleichen Fragestellung vor.
Wie Sie Prioritäten nach der *Eisenhower-Methode* und der *ALPEN-Methode* setzen, erfahren Sie im Downloadbereich auf www.startschuss-digital.de.

Papierunterlagen mit *Outlook*-Aufgaben verknüpfen

Wir wissen, ganz ohne Papier geht es nicht. In den seltenen Fällen, in denen Sie für Ihre Aufgaben noch Papierunterlagen benötigen, stellen Sie eine Verknüpfung zwischen Papier und der Aufgabenfunktion in *Outlook* her. Und so geht's: Sie nehmen ein nummeriertes Wiedervorlagesystem, zum Beispiel einen Pultordner oder eine Hängeregistratur. Sie sortieren die Papierunterlagen in den Pultordner bzw. in die Hängemappe ein. Um die neue *Outlook*-Aufgabe mit der analogen Ablage zu verknüpfen, schreiben Sie einfach die Nummer des Pultordners bzw. der Hängemappe in die Betreffzeile der Aufgabe in *Outlook*. Sie können ein Sonderzeichen wie „#" als Symbol für die Verknüpfung mit der Papierablage verwenden.

Beispiel: Geben Sie in die Betreffzeile „30 Min | Angebotserstellung Herr Mustermann | #5" ein. Dann wissen Sie, dass die Papierunterlagen zur Aufgabe unter der entsprechenden Nummer 5 im Pultordner bzw. in der Hängemappe abgelegt sind.

Outlook-Kalender: Termine planen und bearbeiten

Der *Outlook*-Kalender ist mehr als ein Kalender. Er ist eine vielseitige Organisationshilfe im Büroalltag. Sie können Termine planen, Kollegen und Geschäftspartner zu Besprechungen einladen und den eigenen Arbeitstag strukturieren. Die schnellste Möglichkeit, einen Termin oder eine Besprechungsanfrage anzulegen, ist, im Kalender den gewünschten Zeitraum zu markieren und mit der rechten Maustaste das Kontextmenü aufzurufen. Sind Sie für die Organisation eines Termins verantwortlich, dann müssen Sie einen Termin finden, Teilnehmer einladen und vielleicht eine Raumreservierung vornehmen. Je mehr Teilnehmer in den Prozess einer Terminsuche involviert sind, desto schwieriger wird die Organisation. Die *Outlook*-Funktion „Besprechungsanfrage" löst die Terminorganisation elegant und einfach. Durch diese praktische Kombination von Kalender, E-Mail und Adressbuch ist *Outlook* auch der ideale Ort zur Terminvereinbarung. Sie schreiben nur noch eine einzige Besprechungsanfrage und können so viele Teilnehmer einladen, wie Sie wollen. *Outlook* trägt den Termin automatisch in den Kalender ein (sowohl beim Absender als auch beim Empfänger), auch die Zu- und Absagen der Teilnehmer werden notiert und zudem lässt sich der Raum reservieren. Alles ohne viel E-Mail-Verkehr.

Alles im Blick: kombinierte Termin-Aufgaben-Ansicht

In *Outlook* können Sie über verschiedene Ansichten navigieren. So können Sie sich eine Übersicht über den Tag, die Arbeitswoche oder auch den Monat anzeigen lassen. Eine übersichtliche Tages- und Wochenplanung ist Voraussetzung für ein gutes

Zeit- und Selbstmanagement. *Outlook* stellt mit der kombinierten Termin-Aufgaben-Ansicht eine spezielle Planungsansicht zur Verfügung. Damit können Sie sich die vereinbarten Termine und die zu erledigenden Aufgaben gleichzeitig anzeigen lassen. In der kombinierten Ansicht können Sie einfach per Drag & Drop alle Termine und Aufgaben hin- und herschieben und damit umplanen. Und mit einer Mausbewegung lässt sich jede Aufgabe in ein Zeitfenster im Kalender ziehen: So können Sie freie Zeitbudgets optimal ausnutzen. Die kombinierte Termin-Aufgaben-Ansicht ist ein hilfreiches Instrument für die Tages- und Wochenplanung, damit behalten Sie Ihre zeitlichen Verpflichtungen fest im Blick.

Weitere nützliche Funktionen, die der *Outlook*-Kalender bietet:

» **E-Mail in einen Termin umwandeln:** Der Kunde hat Ihnen per E-Mail die Agenda für das nächste Meeting geschickt. Damit diese nicht verloren geht, hängen Sie per Drag & Drop die E-Mail an den Termin an.

» **Serientermin erfassen:** Für Termine, die sich regelmäßig wiederholen (z. B. wöchentliche Teambesprechung), kann eine Terminserie in *Outlook* angelegt werden. Über die Schaltfläche „Serientyp" wird ein Termin in einen Serientermin umgewandelt. Dadurch ersparen Sie sich die manuelle Eingabe mehrerer Einzeltermine.

» **Kalenderfreigabe für Kollegen:** Mit der Kalenderfreigabe kann im Fall einer Krankheits- oder Urlaubsvertretung ein Kollege alle Termine und Aufgaben einsehen und entsprechend planen.

» **Gruppenkalender erstellen:** Ob es um die Planung von Teambesprechungen, ein gemeinsam genutztes Firmenfahrzeug oder die Belegung von Konferenzräumen geht – oft ist es gut, einen Kalender zu haben, auf den alle im Team zugreifen können.

» **Kalender Externen zur Verfügung stellen:** Sie wollen Personen außerhalb Ihrer Firma den Zugriff auf Ihren Kalender erlauben (z. B. für eine gemeinsame Projektarbeit)? Kein Problem: Die Kalenderfreigabe ist auch für Externe möglich.

» **Kategorien festlegen:** Jeder Termin kann mit einer Farbe kategorisiert werden. So können Sie anhand der Farbe gleich erkennen, um welche Art von Termin es sich handelt. Zum Beispiel können Sie Kundentermine blau kennzeichnen, alle Teambesprechungen grün usw. Über den Punkt „Kategorien" können Sie die Bezeichnung zu den Farben selbst festlegen. Termine können Sie auch als privat kennzeichnen. Diese Einstellung hat zur Folge, dass andere Personen zwar erkennen können, dass ein privater Termin festgelegt wurde, aber der Inhalt ist nicht sichtbar.

» **Erinnerungen setzen:** Manchmal müssen Sie sich auf einen Termin noch vorbereiten; dann können Sie sich kurz vorher per Pop-up-Fenster oder per Sound daran erinnern lassen. Einfach das entsprechende Kontrollkästchen bei der Terminvergabe aktivieren.

» **Kalender-Suchfunktion:** Wann genau war gleich noch mal die Besprechung mit Herrn Meier? Der *Outlook*-Kalender bringt seine eigene Suchfunktion mit. Wenn Sie ins Suchfeld einen Begriff eingeben, wird dieser in der Kalenderdatenbank gesucht. Durch den praktischen Zeitraum-Filter, z. B. „letzten Monat" oder „dieses Jahr", können Sie die Suchergebnisse weiter eingrenzen.

Noch eins: Wenn Sie im Team arbeiten und mehrere Kalender nutzen, muss es eine klare Kalenderhoheit geben. Wer trägt welche Termine wo ein? Ohne klare Regeln sind Terminüberschneidungen und Ärger programmiert.

Tool-Tipp: Online-Terminbuchungssystem

Mit einem Online-Terminbuchungssystem können Kunden über Ihre Website Termine eigenständig vereinbaren. Die Verfügbarkeit von Terminen wird in Echtzeit aktualisiert, sodass Kunden rund um die Uhr Termine buchen können, ohne telefonieren zu müssen oder auf die Bestätigung zu warten, dass der gewünschte Termin verfügbar ist. Die gebuchten Termine werden dann automatisch in Ihren Terminplaner übertragen. Über die Möglichkeit von automatischen E-Mail- oder SMS-Terminerinnerungen reduzieren Sie Ihre Terminausfälle. Mit Online-Terminbuchungstools wie beispielsweise *Terminland.de, SimplyBook.me, Microsoft Bookings* oder *10to8* lassen sich Terminvereinbarungen automatisieren und erheblicher Verwaltungsaufwand einsparen.

Digitale Besprechungen organisieren

Eine Begleiterscheinung der Corona-Pandemie ist, dass Besprechungen immer mehr in die digitale Welt verschoben werden. Webmeetings boomen. Statt dem Kunden oder Arbeitskollegen gegenüberzusitzen, finden viele Besprechungen virtuell statt. Digitale Meetings sind nicht unbedingt eine vorübergehende Notwendigkeit, vielmehr steckt in der digitalen Kommunikation das Potenzial, Ihren Büroalltag dauerhaft zu bereichern. Auch wenn digitale Meetings ein persönliches Treffen niemals ganz ersetzen können und Sie weiterhin den persönlichen Kontakt bevorzugen, ist im digitalen Büro die Beschäftigung mit und der Einsatz von Videokonferenzlösungen ein Muss. Klar, die digitalen Lösungen stellen uns auch vor einige Herausforderungen. Stockende Videosignale, schlechter Sound, störende Nebengeräusche, eingeschränkte nonverbale Kommunikation oder gar unerwünschte Einblicke ins private Chaos sind nur einige davon. Aber Online-Besprechungen bringen auch eine Reihe von Vorteilen mit sich und sind deshalb aus dem modernen Arbeitsalltag nicht mehr wegzudenken. Denn Videokonferenzen sind das fehlende Bindeglied zwischen Gegenübersitzen und Geschäftsreisen. Völlig ortsunabhängig und ohne Anfahrtszeiten finden sich Menschen zu einem Meeting zusammen. Online-Meetings werden auch über Corona hinaus im Trend liegen, denn letztlich haben wir dadurch sehr viel mehr Möglichkeiten, miteinander zu arbeiten, zu lernen, zu kommunizieren.

Welche Vorteile bieten Online-Meetings gegenüber klassischen Besprechungen?

» **Kostenersparnis:** Die Reisekosten reduzieren sich, von den Fahrtkosten, etwaigen Verpflegungs- und Übernachtungskosten bis hin zur ersparten Arbeitszeit für den Fahrtweg.

» **Ortsunabhängig und effizienter zusammenarbeiten:** Eine Teilnahme an einer Besprechung ist via Smartphone, Tablet oder PC fast immer möglich, egal, an welchem Ort sich der Geschäftspartner oder Mitarbeiter befindet. Weil Online-Besprechungen mit wenigen Mausklicks durchführbar sind, kann das zu mehr Kommunikation im Team und zu einer intensiveren Pflege von Kunden- und Lieferantenkontakten führen, was wiederum die Arbeit aller effizienter macht.

» **Schnelle Entscheidungen und Flexibilität:** Wenn es mal wieder schnell gehen muss, können Videokonferenzen helfen, den Zeitdruck zu nehmen. Digitale Besprechungen lassen sich kurzfristiger einberufen als Meetings vor Ort. Alle Teilnehmer können sich an verschiedenen Orten befinden und trotzdem am Diskussions- und Entscheidungsprozess teilhaben.

» **Meeting-Inhalte erneut abrufen:** Die meisten Lösungen für digitale Besprechungen bieten Ihnen die Möglichkeit, das Meeting aufzunehmen. Gerade bei längeren Sitzungen ist am Ende oft nicht mehr klar, was zu Beginn besprochen und vereinbart wurde. Die Aufnahmefunktion ist auch ideal bei unternehmensinternen Schulungen oder für „Wie geht es"-Anleitungen. So besteht die Möglichkeit, alles Gelehrte nochmals anzusehen und Wissen leicht weiterzugeben.

» **Umwelt schonen:** Ohne Geschäftsreisen und Pendeln zum Arbeitsplatz sinkt der Ausstoß von umweltbelastenden Treibhausgasen.

Online-Besprechungstools

Microsoft Teams, GoToMeeting, Skype, Hangouts, Zoom und viele weitere kostenlose und kostenpflichtige Plattformen bieten Lösungen für Videokonferenzen an. Welches Tool Sie für Ihre virtuelle Besprechungen nutzen wollen, hängt von Ihren Anforderungen und Ihrem Geschmack ab. *Microsoft Teams* ist bereits im *Microsoft-365*-Paket enthalten, sodass es naheliegend ist, sich zunächst mit dieser vorhandenen Lösung vertraut zu machen. Dank der Zugehörigkeit zum *Microsoft*-Universum bieten dieses Tool viele Integrationsmöglichkeiten mit anderen *Microsoft-365*-Lösungen. Achten Sie bei der Auswahl des Tools auch auf die Sicherheitsbestimmungen und Datenschutzvorgaben Ihres Unternehmens.

Funktionen

Die Grundfunktionen sind bei den meisten Anbietern ähnlich. Zu den klassischen Funktionen gehören: Telefon- und Videokonferenzen, Chats, Bildschirmfreigabe, das Teilen von Dokumenten, Zeichenwerkzeuge oder digitale Whiteboards. Specials sind die Breakout Sessions, das sind virtuelle Räume, in denen kleinere Gruppen zusammenarbeiten können. Oder die Transkript-Funktion: Eine künstliche Intelligenz kann das Gesagte in Schrift übersetzen, sodass Sie später daran weiterarbeiten können. Die meisten Tools bieten auch mobile Lösungen, sodass die Organisation und Teilnahme auch vom Smartphone, Tablet oder Laptop aus und ohne großen Installationsaufwand erfolgen kann. Besprechungen können im Voraus geplant und Einladungen und Erinnerungen automatisch versendet werden.

Erfolgreiche Durchführung digitaler Besprechungen

Bei einem Online-Meeting gelten zunächst dieselben Regeln wie für ein klassisches Meeting – nur dass die technische Komponente hinzutritt. Die erste Frage ist immer, ob die Besprechung wirklich nötig ist. Einzelne Themen lassen sich oft unkomplizierter über einen direkten Austausch oder per E-Mail klären. Führen Sie festgesetzte Meetings nicht um jeden Preis durch. Sagen Sie ab, wenn es nichts zu besprechen gibt. Denn große Besprechungsrunden kosten Unternehmen bares Geld.

Haben Sie schon einmal ausgerechnet, was eine Besprechung eigentlich kostet?

» Anzahl der Teilnehmer x Dauer der Besprechung x kalkulatorischer Stundensatz

» Beispiel: 5 Teilnehmer x 2 Stunden x 70 € = 700 €

Da Meetings teuer sein können, sollten Sie nicht zur gemütlichen Plauderei über Gott und die Welt ausufern, sondern effizient ablaufen. Damit die virtuelle Konferenz professionell und zielorientiert abläuft, beachten Sie folgende Punkte:

» **Vorbereitung**

Wie bei der klassischen Variante ist eine gute organisatorische und inhaltliche Vorbereitung das A und O für ein erfolgreiches Online-Meeting. Videokonferenzen müssen sogar besser vorbereitet werden, da sie moderierter, schneller und konzentrierter ablaufen. Legen Sie eine klare Agenda und konkrete Ziele fest. Stellen Sie sich diese drei Fragen: Welchen Grund hat das Meeting? Welches Ziel hat das Meeting? Welche Personen sollten teilnehmen, damit wir das Ziel erreichen können? Alle Teilnehmer sollten über die Agenda und die Zielsetzung des Meetings rechtzeitig im Vorfeld informiert werden. Legen Sie die Besprechungszeiten genau fest und halten Sie dann auch den Zeitenrahmen ein: Beginnen und enden

Sie pünktlich. Machen Sie sich beim Time-Keeping das *Parkinson'sche Gesetz* zunutze: Danach dehnt sich Arbeit genau in jenem Maße aus, wie Zeit für sie zur Verfügung steht. Das selbst auferlegte Zeitbudget hilft, viele Besprechungspunkte schneller und effizienter zu erledigen.

Produktivitätstipp: *Parkinson'sches Gesetz*

Das *Parkinson'sche Gesetz* sagt: „Arbeit dehnt sich genau in dem Maße aus, wie Zeit für ihre Erledigung zur Verfügung steht." Dieses Phänomen können Sie sich zunutze machen, indem Sie für eine Aufgabe weniger Zeit einplanen, als Sie sich normalerweise nehmen würden. Eine zeitnahe Deadline schärft Ihren Fokus. Sie sind dadurch gezwungen, Prioritäten zu setzen und sich auf die wichtigsten Dinge zu konzentrieren, weil keine Zeit für Nebensächlichkeiten bleibt. Unterm Strich arbeiten Sie so produktiver.

Die Aufmerksamkeitspanne bei einem virtuellen Meeting ist geringer, als wenn wir mit Menschen live interagieren. Durch das Stillsitzen und Starren auf den Bildschirm ermüden wir schneller als im persönlichen Kontakt, deshalb sollten Sie nicht länger als zwei Stunden konferieren. Je kleiner der Teilnehmerkreis, desto effektiver kann kommuniziert werden. Laden Sie also so wenige Teilnehmer wie möglich und so viele wie nötig ein. Bevor das Meeting startet, sollten Sie sicherstellen, dass die gesamte Technik funktioniert – von der Internetverbindung über das Mikrofon bis hin zur Kameraeinstellung. Wählen Sie einen Ort aus, der vor Störungen durch hereinplatzende Personen und Hintergrundgeräusche geschützt ist. Die Kamera sollte sich auf Augenhöhe befinden. Achten Sie auf den Videoausschnitt: Wer nicht zu viel Einblick in das eigene Chaos zeigen möchte, kann sich beispielsweise vor eine neutrale Wand oder vor ein Roll-up-Banner mit Firmenlogo setzen. Bei vielen Online-Tools ist der Hintergrund änderbar oder lässt sich weichzeichnen. Schließen Sie nicht benötigte Programme und räumen Sie den Bildschirm auf. So kann es nicht peinlich werden, wenn Sie die Funktion „Bildschirm teilen" verwenden.

» Durchführung

Videokonferenzen erfordern viel Disziplin, denn ein natürlicher Gesprächsablauf ist schwieriger zu erreichen als in einem klassischen Meeting: Bewegungen, Mimik und Gestik kommen oft verzögert an und können unter Umständen nicht richtig gedeutet werden. Der Ton ist oft abgehackt, das Verständnis für den Kontext leidet. Die Teilnehmer brauchen sehr viel mehr Ansagen als in einem Live-Meeting. Eine Moderation und Sitzungsregeln steigern daher die Produktivität des Meetings. Geben Sie gleich anfangs den Ablauf sowie klare Regeln vor und erinnern Sie bei Bedarf daran. Der Moderator sorgt für die Einhaltung der Agenda und die Reihenfolge der Sprecher. So verhindern Sie, dass sich die Teilnehmer gegenseitig ins Wort fallen und dass der rote Faden verloren geht. Lassen Sie den Sprechenden immer ausreden. Das ist grundsätzlich eine Frage guter und respektvoller Kommunikation, aber bei Videokonferenzen ist diese Regel noch wichtiger. Bei einigen technischen Lösungen ist immer nur ein Teilnehmer zu hören. Spontane Diskussionen verkommen dann zu einem sehr abgehackten Gespräch. Zum guten Ton gehört es daher, das eigene Mikrofon auszuschalten, wenn man aktuell nicht spricht. Das reduziert auch störende Nebengeräusche und akustische Rückkopplungen. Seien Sie sich der akustischen Herausforderung stets bewusst und sprechen Sie im Online-Meeting möglichst deutlich und langsam, aber auf keinen Fall monoton. Fragen oder Anmerkungen, die an spezielle Teilnehmer gerichtet sind, sollten Sie bei Webkonferenzen eindeutig adressieren. Während Sie bei einem persönlichen Treffen über Körpersprache eindeutig signalisieren können, wen Sie ansprechen oder wem Sie eine Frage stellen, wirkt die nonverbale Kommunikation bei Videokonferenzen nur eingeschränkt. Ohne direkte Ansprache führt das häufig dazu, dass entweder niemand antwortet oder mehrere Teilnehmer gleichzeitig. Achten Sie darauf, dass nicht immer nur einer redet, und versuchen Sie, alle Teilnehmer aktiv einzubeziehen. Manche Teilnehmer schalten innerlich ab, wenn sie nicht gefordert werden. Für ein lebendiges Meeting nutzen Sie die Möglichkeiten der Konferenztools und setzen Sie die Chatfunktion, Bildschirmfreigabe, Whiteboard-Funktion und andere Tools ein, um das Engagement zu erhöhen.

Am Ende des Meetings sollten konkrete Vereinbarungen und die nächsten Schritte stehen. Deshalb fasst der Moderator die Inhalte des Gesprächs noch einmal zusammen und nennt die nächsten Schritte.

» Nachbereitung und Erfolgskontrolle

Eine Besprechung, egal ob virtuell oder nicht, ist erst dann erfolgreich, wenn die Ergebnisse kommuniziert und festgehalten werden und ihr Erfolg gemessen wird. Dazu gehört, allen Teilnehmern das Protokoll mit den Verabredungen und Verantwortlichkeiten zuzusenden. Noch besser: Das Protokoll verlässt als Erstes den Besprechungsraum. Das bedeutet, Sie führen bereits während der Besprechung ein Kurzprotokoll. Am Ende der Besprechung wird das Protokoll auf dem Bildschirm geteilt und jeder Teilnehmer gibt ein aktives Feedback dazu. So holen Sie sich den Konsens aller Teilnehmer und vermeiden unnötige Diskussionen im Nachgang. Damit weiß jeder Teilnehmer, was die Ergebnisse sind und welche Aufgaben er zu erledigen hat. Bevor Sie das Meeting beenden, verschicken Sie das Protokoll an die Teilnehmer. Die nächste digitale Besprechung beginnt dann am besten mit dem Bericht über erreichte Ziele.

Aus dem Protokoll selbst sollten Sie keine „Jugend forscht"-Arbeit machen – knappe und eindeutige Stichworte sind ausreichend. Gehen Sie nach dem folgenden Schema vor:

Nr.	Besprechungspunkt	Ergebnis / Aktivität	Verantwortlich (wer und bis wann?)
1)			
2)			
3)			

E-Mail-Management: So meistern Sie die E-Mail-Flut

Wir alle nutzen sie, egal, ob beruflich oder privat. Ohne E-Mails geht heutzutage gar nichts mehr. Die E-Mail ist in der Geschäftswelt die Kommunikationsform Nummer 1. Studien zufolge verbringt der typische Büroarbeiter ungefähr 50 Prozent seiner Arbeitszeit damit, E-Mails zu bearbeiten. Ob auch Ihr Büroalltag genau in dieser Zeitdimension durch E-Mails bestimmt wird, können nur Sie wissen. Ganz sicher ist, dass das Schreiben, Lesen und Beantworten von E-Mails einen großen Zeitblock im Büroalltag beansprucht. E-Mails sind aus der geschäftlichen Kommunikation nicht mehr wegzudenken: Sie sind einfach in der Handhabung und es gibt kein Papier mehr, das abgeheftet werden muss. Wir müssen jedoch aufpassen, dass sie nicht zum Zeit- und Motivationsdieb für uns mutieren. Viele Büroarbeiter sind der Meinung, dass die Produktivität sinkt und der Stress steigt, je mehr Zeit sie mit E-Mails verbringen.

Nicht das Medium E-Mail ist das Problem, sondern wie wir damit umgehen!

Dabei ist das Medium E-Mail per se nicht das Problem. Niemand will sich mehr den Büroalltag ohne E-Mails und die Möglichkeiten des Internets vorstellen. Entscheidend ist vielmehr, wie wir diese Möglichkeiten nutzen. Beim E-Mail-Management geht es darum, bewusster mit der E-Mail-Flut umzugehen, um entspannter und produktiver durch den Büroalltag zu kommen.

Störfaktor neue E-Mail

Eine neue E-Mail kommt herein. Ein kurzes Signal ertönt oder ein kleines Bildschirmfenster poppt auf. Die Versuchung ist groß, die E-Mail jetzt zu lesen. Vielleicht ist es etwas Wichtiges? Also lieber mal gleich checken. Mit jeder neu eingehenden E-Mail werden Sie abgelenkt, beim konzentrierten Arbeiten gestört. Studien haben offenbart, dass eine Ablenkung durch eine E-Mail-Benachrichtigung einen Effizienzverlust von durchschnittlich 15 Minuten verursacht. Das heißt, es dauert 15 Minuten, bis Sie sich nach der Ablenkung wieder in den vorherigen Arbeitsstand eingearbeitet haben. Ob es nun 15 Minuten oder vielleicht 10 Minuten sind, darüber kann man sicherlich diskutieren. Fakt ist, es kostet Sie viel Zeit, wieder an der Stelle einzusteigen, an der Sie unterbrochen wurden. Wenn Sie pro Tag im Durchschnitt 15 E-Mails bekommen und jede E-Mail einen Zeitverlust von 15 Minuten verursacht, wissen Sie jetzt, warum sich am Ende des Arbeitstags noch so viel Arbeit auf Ihrem Schreibtisch türmt.

Deaktivierung der automatischen E-Mail-Eingangsmeldung

Egal, ob akustisches Signal oder blinkendes Symbol – jeder Reiz unterbricht Ihre Arbeit. Mit dem fokussierten Arbeiten ist es schlagartig vorbei. Eine wichtige Grundregel im E-Mail-Management lautet daher: Deaktivieren Sie die automatische E-Mail-Eingangsbenachrichtigung. E-Mails müssen nicht sofort gelesen und bearbeitet werden. Die Möglichkeit der asynchronen Kommunikation ist gerade ein Vorteil der E-Mail, also die Tatsache, dass Informationen dem Empfänger zugestellt werden können, ohne seinen Arbeitsablauf zu stören. Gönnen Sie sich Arbeitszeiten ohne Unterbrechung, indem Sie Ihr E-Mail-Programm zum Schweigen bringen.

Arbeiten Sie E-Mails in Blöcken ab (zweimal pro Tag)

Halten Sie es mit dem Bearbeiten Ihres Posteingangs wie mit dem Essen: regelmäßig, aber nicht ständig. Statt das E-Mail-Postfach ständig zu checken, planen Sie pro Tag feste Zeiten oder Zwischendurch-Blöcke ein, an denen Sie Ihr Postfach durchgehen. So reduzieren Sie Ablenkungen und können E-Mails konzentrierter und nach Prioritäten bearbeiten. Nur in den seltensten Fällen sind E-Mails so wichtig und dringend, dass sie sofort beantwortet werden müssen. Machen Sie sich frei von dem Gedanken, dass Sie die Feuerwehr sind und gleich mit Löschzug und Blaulicht ausrücken müssen, nur weil eine E-Mail aufpoppt. Handelt es sich tatsächlich um einen „Feueralarm", dann ruft der Absender Sie viel eher an, als Ihnen zu schreiben. In der Regel ist es in vielen Branchen akzeptiert, wenn Sie innerhalb von 24–48 Stunden auf eine E-Mail antworten (sofern Sie nicht gerade im Kunden-Support oder in einem ähnlichen Bereich arbeiten, wo schnelle Antwortzeiten erwartet werden). In den Fällen, in denen eine finale Antwort innerhalb dieser Frist nicht möglich ist, sollten Sie eine Zwischennachricht mit Angabe des Antworttermins verfassen.

Machen Sie Schluss mit der Dauererreichbarkeit. Ich empfehle Ihnen, vormittags und nachmittags jeweils einen festen Block von etwa 30–60 Minuten zu reservieren, in denen Sie in Ruhe Ihre E-Mails am Stück bearbeiten. In dieser Zeit konzentrieren Sie sich voll und ganz auf das Abarbeiten Ihrer E-Mails. Sie werden überrascht sein, welche Anzahl an E-Mails Sie erledigen können, wenn Sie mal konzentriert 30 Minuten nichts anderes tun. In der übrigen Zeit ignorieren Sie Ihr Postfach, um die Ablenkungen zu reduzieren und sich auf Ihr Geschäft zu konzentrieren.

Vermeiden Sie, frühmorgens sofort E-Mails abzurufen

In der *Nutella*-Werbung heißt es: „Der Morgen macht den Tag!" In diesem Ausspruch steckt meiner Meinung nach viel Wahrheit. Fängt der Tag frühmorgens schon chaotisch an, geht er so unstrukturiert weiter. Wenn Sie sich als Erstes Ihrem Mail-Postfach widmen, holen unwichtige E-Mails Sie im Minutentakt aus der Konzentrationsphase heraus, bevor Sie so richtig in Ihren Arbeits-Flow eintauchen können. Lesen, beantworten, ablegen – und schon ist wieder Zeit verschwendet, Konzentration und Morgenmotivation sind dahin.

Den Tag mit der E-Mail-Bearbeitung zu starten, ist ein großer Produktivitätskiller.

Wenn Sie morgens den PC starten, öffnen Sie das E-Mail-Programm nicht. Stattdessen nehmen Sie sich zwei Stunden Zeit, konzentriert an Aufgaben zu arbeiten, die für diesen Tag wichtig sind. In den ersten Stunden des Arbeitstags sind wir in der Regel noch hoch konzentriert und fit, weshalb wir diese Zeit für wichtige Aufgaben nutzen sollten. Das muss nicht immer die wichtigste Aufgabe sein, es kann auch die unangenehmste sein („*Eat the frog in the morning*"). Schieben Sie die Aufgabe weiter auf, dann hängt sie den ganzen Tag bis zur Erledigung belastend wie eine dunkle Wolke über Ihnen. Dagegen kann das Gefühl, das Wichtigste oder Unangenehmste schon erledigt zu haben, Ihnen einen zusätzlichen Motivationsschub verleihen. Verschwenden Sie also nicht die Konzentrationshochphase am Morgen mit dem Checken unwichtiger E-Mails, sondern „essen Sie den Frosch". Sie werden feststellen, dass sich diese Vorgehensweise sehr schnell auf Ihre Produktivität auswirkt.

Noch eins: Wenn Sie „einen Frosch essen" müssen, dann wird er Ihnen nicht dadurch besser schmecken, dass Sie ihn vorher lange anstarren – im Gegenteil. Denken Sie immer daran, welche Vorteile es Ihnen bringen wird, und dann „just do it"!

E-Mails strukturiert abarbeiten, statt nur zu sichten

Auch das strukturierte Abarbeiten Ihrer E-Mails will gelernt sein. Sie kennen das: Eine neue E-Mail kommt herein und Sie schauen sie erst einmal an. Denn es könnte ja schließlich etwas Wichtiges sein. Vielleicht ein neuer Kunde oder eine Antwort, auf die Sie schon länger warten ... Zum Antworten ist gerade keine Zeit, aber gelesen ist eine E-Mail schnell. Doch genau das stiehlt Ihnen die Zeit, die Sie besser in die Neukundenakquise oder in die Bearbeitung Ihrer aktuellen Kundenaufträge stecken könnten. Die E-Mail bleibt im Posteingang und im schlimmsten Fall verfahren Sie beim nächsten und übernächsten Postfach-Check genauso. Jedes weitere Öffnen und erneute Einlesen in den Sachverhalt kostet unnötige Zeit. So verstopft Ihr Postfach nach und nach.

Fassen Sie E-Mails grundsätzlich nur einmal an *(Einmal-Prinzip)*. Statt sie nur zu sichten, bearbeiten Sie sie gleich. Treffen Sie sofort die Entscheidung über den nächsten einzuleitenden Schritt.

> **Zeitdieb E-Mail:** Laut einer Statistik verbringen wir 1 Jahr unseres Lebens ausschließlich mit dem Löschen von E-Mails! Wahnsinn!

E-Mail-Bearbeitung nach der „Triple A"-Regel

Gewöhnen Sie sich eine feste Prozedur für die Bearbeitung an. Dabei gehen Sie am besten auch nach ***AAA-Regel („Triple A"-Regel)*** vor, die Sie bereits aus der Bearbeitung des Posteingangs kennen:

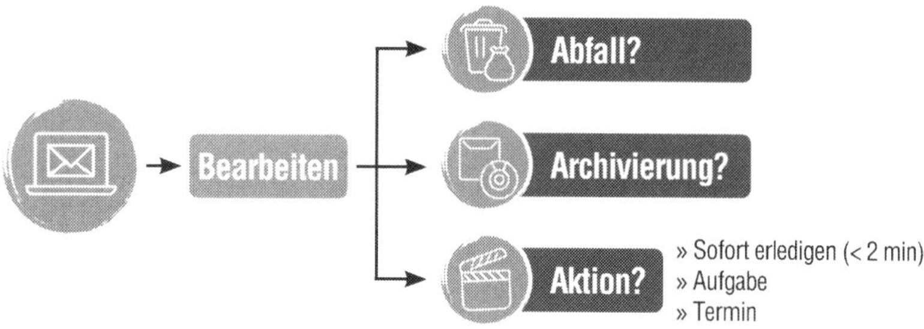

1) Abfall

Alles, was nicht relevant ist und es auch nicht wird, ab in den Papierkorb! So halten Sie Ihr Postfach sauber.

2) Archivierung

Bei der E-Mail ist nichts zu tun, außer sie zur Kenntnis zu nehmen? Dann verschieben Sie sie in den „Erledigt"-Ordner oder archivieren Sie sie.

3) Aktion

» **Sofort erledigen** nach der *2-Minuten-Regel*: Wenn mit der E-Mail eine Aufgabe verbunden ist, die sich in weniger als zwei Minuten erledigen lässt (lesen, verstehen, bearbeiten), dann sollten Sie sie sofort bearbeiten.

» **Termin/Aufgabe eintragen:** Falls es sich um einen Termin handelt, tragen Sie ihn direkt in den Kalender ein (am besten per Drag & Drop in den Terminkalender ziehen). Sofern die E-Mail eine Aufgabe mit sich bringt, deren Bearbeitung mehr als zwei Minuten dauert, legen Sie einen To-do-Punkt in Ihrer Aufgabenliste an und beschäftigen sich später damit.

Mit wenigen Ordnern den Überblick behalten

Das überquellende Posteingangsfach mit Hunderten ungelesenen E-Mails ist zum Sinnbild für die Überlastung im Büroalltag geworden. Warum? Ein volles Postfach sendet die unterschwellige Botschaft aus: „Achtung, ganz viel Arbeit! Hier türmt sich mehr Arbeit, als bewältigt werden kann." Das führt schließlich zu Stress und Frust.

Wenn Sie konsequent die *AAA-Regel* befolgen, halten Sie Ihren Posteingang „sauber" und sind von der E-Mail-Flut nicht überwältigt, wenn Sie Ihr E-Mail-Konto öffnen. Wichtig: Der Posteingang ist nur die temporäre Haltestelle für Ihre E-Mails. Missbrauchen Sie den Posteingang nicht als Archiv oder als allgemeine Sammelstelle. Das wäre ungefähr so, als ob Sie Briefe zurück in den Briefkasten werfen oder auf Ihrem Schreibtisch Papierstapel türmen. Sobald Sie eine E-Mail nach der *AAA-Regel* bearbeitet haben, verschieben Sie sie aus dem Posteingang in die Ordnerstruktur. Gönnen Sie sich das gute Gefühl eines gänzlich leeren Posteingangs.

Bei der Anlage der Ordnerstruktur gilt: Weniger ist mehr. Ein massiver Ordnerbaum mit mehreren Ebenen ist eher verwirrend als förderlich. Wenige Ordner reichen völlig aus. Der Grundgedanke: Die Inhalte der E-Mails sind so komplex und verschiedenartig, dass man sie nur selten eindeutig einem Ordner zuordnen kann. Über die Suchfunktion finden Sie E-Mails schneller, als wenn Sie Ordner durchforsten.

> Wenn Sie viele Ordner haben, verbringen Sie viel Zeit damit, den richtigen zum Speichern zu finden, und später wiederum mit dem Suchen, wo Sie die Nachricht ursprünglich abgelegt haben.

Welche Ordner Sie am besten anlegen, hängt mitunter von der Art Ihres Geschäfts ab, allerdings haben sich für Kleinunternehmen die folgenden Ordner bewährt:

» **Erledigt-Ordner:** Alle E-Mails, die bearbeitet wurden, werden in den Erledigt-Ordner verschoben. Werden diese E-Mails später noch einmal benötigt, sind sie über die Suchfunktion leicht zu finden.

» **To-do-Ordner:** In diesen Ordner können Sie die E-Mails verschieben, die Sie noch bearbeiten müssen. Denken Sie dabei aber bitte an die oben beschriebene *2-Minuten-Regel*. Am besten, Sie verknüpfen die E-Mails mit der To-do-Liste von *Outlook*. Sobald Sie die Aufgabe erledigt haben, verschieben Sie die E-Mail in den Erledigt-Ordner.

» **Termin-Ordner:** Enthält die Mail Informationen zu einem Termin (z. B. Wegbeschreibung, Agenda), dann schieben Sie sie in diesen Ordner, nachdem Sie den Termin in den *Outlook*-Kalender eingetragen haben.

» **Info-Ordner** oder **Später-lesen-Ordner:** Hier landen die E-Mails, die Sie erst später lesen möchten, z. B. interessante Newsletter. Aber: Alles, was älter als 6 Monate ist, löschen, da Sie es mit hoher Wahrscheinlichkeit ohnehin nicht mehr lesen werden.

Neustart: Bevor Sie mit der neuen Ordnerstruktur starten, setzen Sie Ihren Posteingang auf „0". Verzichten Sie darauf, alle „alten" E-Mails einzeln zu sichten, sondern markieren Sie alle Ihre E-Mails und archivieren Sie sie im Block. Sie können auf diesen Archivordner jederzeit zugreifen und ihn nach bestimmten E-Mails durchsuchen.

E-Mails in Erledigt-Ordner verschieben oder in der Cloud archivieren?

Outlook oder auch andere E-Mail-Programme sind in Form persönlicher Postfächer organisiert, die jeweils nur einer Person zugeordnet sind. Arbeiten Sie allein, ist das nicht weiter tragisch. Sofern Sie aber im Team arbeiten, können Ihre Kollegen im Vertretungsfall nur schwer auf relevante E-Mails zugreifen. Wohin also mit den E-Mails? Für die Arbeit wichtige oder aufbewahrungspflichtige E-Mails gehören nicht in Ihr persönliches E-Mail-Postfach, denn dort darf niemand außer dem Besitzer darauf zugreifen. Solche E-Mails archivieren Sie in Ihrer Ordnerstruktur in der Cloud nach den gleichen Ablageregeln wie andere Dateien und Papierdokumente – so haben auch Ihre Kollegen darauf Zugriff. Dazu klicken Sie bei geöffneter E-Mail auf *Datei → Speichern unter → Dateityp: Outlook Nachrichtenformat*. Das Programm schlägt als Dateiname automatisch den Betreff der E-Mail vor. Ändern Sie den Dateinamen nach Ihren einheitlichen Benennungsregeln und geben Sie als Speicherort den entsprechenden Ordner an. Die E-Mail wird dann mit allen Anlagen mit dem Symbol „Briefumschlag" gespeichert. Durch Doppelklick können Sie die E-Mail wieder öffnen und bearbeiten. Auf diese Art führen Sie alle relevanten E-Mails und anderen Dateien (*Word, Excel,* PDF) zu einem Vorgang in einem Ordner zusammen. So kommt zusammen, was zusammengehört. Alternativ können Sie die E-Mail auch als PDF speichern. Und so geht's in *Outlook: Datei → Drucken →* als *Drucker „Microsoft Print to PDF"* auswählen und Dateiname und -ort eingeben. Fertig!

Nicht so relevante E-Mails verschieben Sie in Ihren Erledigt-Ordner. Das Wiederfinden erfolgt über die Suchfunktion. Um Ihr Postfach zu entlasten und zugleich Ihrer Aufbewahrungspflicht nachzukommen, können Sie von Zeit zu Zeit den ganzen Ordner über die Funktion „Exportieren" (*Datei → Öffnen und Exportieren → Import/Export-Assistent → In Datei exportieren → Outlook-*

Datendatei.pst) in Ihrer Ordnerstruktur in der Cloud archivieren. Es wird dann eine .pst-Datei erzeugt, die wieder in *Outlook* geöffnet werden muss, um sie lesen zu können (*Datei → Öffnen und Exportieren → Outlook-Datendatei öffnen*). So können Sie Ihren *Outlook*-Erledigt-Ordner jahresweise z. B. als „Erledigt-Ordner 2019" in der Cloud speichern. Andere aus Ihrem Team können dann auch auf den Archiv-Ordner zugreifen.

Gut zu wissen: E-Mail-Anhänge müssen auch archiviert werden, sollte die E-Mail ohne diese Anlagen unverständlich oder unvollständig sein. Der umgekehrte Fall: Dient die E-Mail nur als Transportmittel, z. B. für eine angehängte elektronische Rechnung, und enthält sonst keine relevanten Informationen, ist die E-Mail selbst nicht aufbewahrungspflichtig (analog zum Papierbriefumschlag bei der Papierrechnung) – wohl aber der jeweilige Anhang. Nur den Anhang legen Sie dann im entsprechenden Ordner in der Cloud ab, um ihn zu archivieren.

Ist E-Mail das richtige Medium?

Nicht immer ist die E-Mail der beste Kommunikationskanal. Das geschriebene Wort kann eine andere Wirkung haben als das gesprochene Wort. Während Sie mit der Stimme über die Tonlage und Sprechweise Sachverhalte entschärfen können, klingen Schreiben manchmal unbeabsichtigt hart und schroff. Insbesondere, wenn die Gefahr von Missverständnissen besteht, ist das Telefonat die bessere Wahl. Auch Beschwerden oder Kritik sollten Sie nicht per E-Mail klären, sondern persönlich.

Durch ein kurzes Telefonat lassen sich auch komplexe Sachverhalte oft schneller und zweifelsfreier klären und Sie vermeiden langes „E-Mail-Pingpong". Das ständige Hin- und Herschreiben ist für beide Spieler lästig.

Weitere Tipps zum Umgang mit E-Mails

- » E-Mail diktieren statt schreiben: E-Mail schreiben war gestern. Nutzen Sie die Diktierfunktion von *Outlook*. Statt Ihren Text mühselig über die Tastatur einzugeben, sprechen Sie einfach Ihre E-Mail ein. Die Spracherkennung ist inzwischen erstaunlich gut, sodass der Großteil Ihres diktierten Texts erkannt wird und nur wenig Nacharbeit notwendig ist. Mit Diktieren können Sie das E-Mail-Schreiben beschleunigen. Wenn Sie lieber sprechen als schreiben, ist die Diktierfunktion genau das Richtige für Sie. Probieren Sie es einmal aus! **Übrigens:** *Outlook* bietet auch eine Vorlesefunktion. Damit können Sie sich E-Mails vorlesen lassen.
- » Nutzen Sie den Betreff als Zeitsparhelfer: Formulieren Sie einen aussagekräftigen Betreff, das verdeutlicht dem Empfänger, worum es geht. Auch Sie können Ihre E-Mails so später beim Suchen besser wiederfinden. Bei vielen E-Mails ist es ausreichend, nur die Betreffzeile für Ihr Anliegen zu nutzen. Zur Verdeutlichung setzen Sie ans Ende Ihrer Betreff-Nachricht einfach „Gruß" und Ihren Namen; im angloamerikanischen Sprachraum wird das mit „EOM" („End of message") signalisiert. So weiß der Empfänger, dass er die E-Mail nicht mehr öffnen muss.
- » Brauchen Sie schnell eine Antwort, ist das Telefon das bessere Kommunikationsmittel. Eine E-Mail kann unter Umständen übersehen werden und stellt daher nicht den geeigneten Kommunikationskanal bei dringenden Angelegenheiten dar.
- » Sie können Ihren Teil dazu beitragen, schnellere Antworten zu bekommen. Erkennt der Empfänger auf den ersten Blick, worum es geht? Verzichten Sie auf umständliche Einleitungen. Untersuchungen zeigen, dass wir nur die ersten Zeilen aufmerksam lesen. Nutzen Sie unterschiedliche Formatie-

rungen (fett, unterstrichen, kursiv), Absätze, Aufzählzeichen und Zwischenübersichten – so sind E-Mails einfacher zu lesen.

» Schreiben Sie, wenn möglich, nur wenige Anfragen pro Mail. Wenn Sie dem Empfänger eine abzuarbeitende 10-Punkte-Liste schicken, müssen Sie damit rechnen, dass er die Bearbeitung nach hinten verschiebt und erst antwortet, wenn er alle Punkte parat hat.

» Das „AN"-Feld gehört demjenigen, der zur Aktion aufgefordert wird. Diejenigen, die ins „CC"-Feld gesetzt werden, müssen gar nichts tun. Diese Zeile ist für die bestimmt, die nur über etwas informiert werden sollen. Nutzen Sie diese Zeile aber nur für Kollegen, die unmittelbar in den Vorgang involviert sind. Setzen Sie nicht alle und jeden in Kopie. Bitte bedenken Sie die „Kosten", wenn jemand eine E-Mail liest, die für ihn nicht wichtig ist. Wenn Sie eine Mail in der Leselänge von fünf Minuten an einen Kollegen schicken und 6 weitere in Kopie setzen, dann geht dem Unternehmen eine halbe Stunde Arbeitszeit verloren. Und noch ein Punkt: Wer weniger Menschen in CC packt, bekommt auch weniger E-Mails zurück.

» Schreiben Sie nur E-Mails, die für Ihre Arbeit erforderlich sind. Verzichten Sie auf Höflichkeits-Mails und freundliches Hin und Her nichtssagender E-Mails. Wie viele E-Mails bekommen Sie mit ganz kurzen Rückmeldungen wie „Danke", „Gerne", „Freu mich drauf", „Freu mich auch", die in ein E-Mail-Pingpong ausufern? Das Ergebnis: unnötige E-Mails, die Zeit kosten und am Ende noch gelöscht werden müssen. Je weniger E-Mails Sie verschicken, desto weniger Antworten erhalten Sie. Tipp: Schreiben Sie am Ende Ihrer Nachricht „Keine Antwort notwendig", so können Sie unnötige E-Mails reduzieren.

» Mit „BCC" Datenschutz bei E-Mails an viele Empfänger beachten: Nutzen Sie bei E-Mails an viele Adressaten, die sich nicht untereinander kennen, das Feld „BCC". BCC steht für Blindkopie. Damit ist es den Empfängern nicht möglich, zu sehen, wer die E-Mail noch erhalten hat. Die E-Mail-Adressen bleiben auf diese Weise „geheim".

» Quicksteps nutzen: Der Grundgedanke von Quicksteps ist, mehrere Arbeitsschritte (Mausklicks) zu einem einzigen Mausklick zusammenzufassen. Mit Quicksteps können Sie bei immer wiederkehrenden Arbeitsschritten wertvolle Zeit sparen.

» Große Dateianhänge per Link bereitstellen: Ist der Anhang einer E-Mail sehr groß, lehnen viele E-Mail-Programme die Zustellung ab. Große Datenmengen sollten Sie daher besser per Link über *OneDrive* zur Verfügung stellen. Eine kostenlose Alternative zum Austausch von großen Dateien ist das Tool *wetransfer.com.*

» Wandeln Sie E-Mails in Aufgaben und Termine um. Wenn E-Mails Aufgaben oder Termine mit sich bringen, dann ziehen Sie die E-Mail per Drag & Drop auf die Symbole „Aufgabe" bzw. „Kalender" im Navigationsbereich.

» Nachverfolgung: Die Funktion „Nachverfolgung" (rotes Fähnchen) ist eine gute Option, sich selbst oder einen bestimmten Adressaten an die Bearbeitung der E-Mail zu erinnern.

» „Rotes Ausrufezeichen" zum Anzeigen von Dringlichkeit sparsam einsetzen: Eine vorgetäuschte Dringlichkeit von E-Mails ist keine manierliche Umgangsform. Der Empfänger fühlt sich dann durch das rote Ausrufezeichen zu Recht hinters Licht geführt. Deshalb sollten Sie es wirklich nur in wichtigen Fällen verwenden. Unterlassen Sie es auch, Lesebetätigungen zu verlangen. Das ist für den Empfänger lästig und erzeugt Misstrauen.

» Verwenden Sie Textbausteine, wo immer sich Ihre Nachricht automatisieren lässt.

» Trash-E-Mail-Account einrichten: Sie wollen vielleicht eine Broschüre oder einen Ratgeber aus dem Internet downloaden. Dazu müssen sie oft Ihre E-Mail-Adresse eingeben – und werden danach mit Junk-Mails bombardiert. Um nicht Ihre zentrale E-Mail-Adresse überfluten zu lassen, richten Sie einen „Trash-E-Mail-Account" für solche Zwecke ein.

» Abwesenheits-Assistent: „Ich bin dann mal weg." Wenn Sie länger nicht im Büro sind und Ihre E-Mails nicht bearbeiten können, dann lassen Sie es andere mit dem Abwesenheits-Assistenten wissen. Klicken Sie dazu auf *Datei → Automatische Antworten*. Dann öffnet sich ein Feld, in das Sie Ihre persönliche Abwesenheitsnotiz eingeben können.

» Eine Signatur am Ende der Mail, die auf andere Kommunikationswege wie Telefon und Fax oder auf Öffnungszeiten hinweist, kann hilfreich sein, da sie unnötiges Nachfragen vermeidet. Sie können die Signatur auch für Werbezwecke nutzen, um auf neue Produkte oder Dienstleistungen aufmerksam zu machen.

Tool-Tipp: große Dateien versenden mit *WeTransfer*

Wenn Sie große Dateien versenden wollen, dann ist eine E-Mail mit Anhang nicht das richtige Transportmittel. Mit dem kostenlosen Tool *wetransfer.com* können Sie große Datenmengen übermitteln. Sie müssen sich nicht registrieren, um den Service in Anspruch zu nehmen. Sie geben lediglich Ihre E-Mail-Adresse und die des Empfängers an und schon können Sie Dateien bis 2 Gigabyte kostenfrei übertragen.

Ausgehende Dokumente konsequent papierlos organisieren

Ob Besprechungsnotizen, Briefe oder Rechnungen: Im digitalen Büro gilt die Prämisse, so weit wie möglich auf Papier zu verzichten. Deshalb erzeugen Sie Eigenbelege grundsätzlich digital. Bei eigenerstellten Dokumenten haben Sie es selbst in der Hand, das Format zu wählen. Setzen Sie ein neues Schriftstück auf, dann sollte dieses im Idealfall überhaupt kein Papierstadium mehr sehen, sondern von Anfang an digital erstellt werden. Überlegen Sie genau, wann Sie wirklich Papier benötigen – vor allem bei Briefen. Versuchen Sie, so oft es geht, E-Mails zu versenden statt Briefe. Auf E-Mails erhalten Sie in der Regel auch eine digitale Rückmeldung, und das meist schneller als auf dem Postweg. Setzen Sie konsequent die digitalen Kommunikationsmittel ein, bekommen Sie auch auf diesem Weg Antwort. Besonders viel Papierkram entsteht durch das Verschicken von Angeboten und Rechnungen. Auch diese können Sie per E-Mail verschicken. Beachten Sie dabei, dass diese Dokumente nach dem Willen des Gesetzgebers unveränderbar sein sollen. *Word-* und *Excel*-Formate sind leicht änderbar. Nutzen Sie daher sichere Formate wie das PDF-Format und Verschlüsselungen für Angebote, Rechnungen und andere sensible Informationen, sodass eine nachträgliche Veränderung oder Manipulation Ihrer Belege ausgeschlossen ist.

Ausgangsrechnungen – Rechnungssoftware ist ein Muss

Ihre Kundenrechnungen in *Word* oder *Excel* zu schreiben, ist keine Lösung im digitalen Büro – allein schon aus Sicht des Finanzamts. Die Sache wird auch nicht besser, wenn Sie die in *Word* oder *Excel* geschriebenen Rechnungen in PDF konvertieren und anschließend per E-Mail an Kunden versenden. Das hat wenig mit digitalem Arbeiten zu tun. Wenn Sie Ausgangsrechnungen digitalisieren und per E-Mail an Kunden versenden wollen, ist ein Rechnungsprogramm ein Muss. Damit erstellen Sie Ihre Ausgangsrechnungen professioneller und finanzamtskonform. Mit einer Rechnungssoftware können Sie nicht nur Rechnungen schreiben, sondern sie hilft Ihnen auch, weitere Arbeitsabläufe im Büro zu vereinfachen. Sie sparen Zeit bei Arbeitsabläufen vor und nach der Erstellung der Rechnung und sind rechtlich auf der sicheren Seite. Bedenken Sie: Nicht nur die Erstellung der Rechnung selbst macht Arbeit. Vor der Rechnung müssen Sie häufig ein Angebot erstellen. Nach der Rechnungserstellung ist der Zahlungseingang zu überwachen. Durch Anbindung ans Online-Banking kann mittels der Rechnungssoftware ein fast automatisierter Abgleich zwischen offenen Rechnungen und Geldeingängen erzeugt werden. Hat ein Kunde nicht bezahlt, kann eine Mahnung direkt aus dem Programm geschrieben werden. Über entsprechende Übersichten können Sie den Status Ihrer Rechnungen einfach im Blick behalten: Wie viele Rechnungen habe ich diesen Monat geschrieben, welche sind noch offen? Die meisten Programme sind cloudbasiert, sodass Sie damit mobil arbeiten können, von überall und auf verschiedenen Geräten (PC, Tablet oder Smartphone) darauf zugreifen können. Die Ausgangsrechnungen können als digitaler Export für die Erstellung der Buchhaltung zur Verfügung gestellt werden oder der Steuerberater bekommt einen eigenen sicheren Zugang, um die Rechnungen direkt in seine Kanzleisoftware zu übernehmen. So wird die Zusammenarbeit mit dem Steuerberater vereinfacht, Sie sparen Hin und Her in der Kommunikation und Honorargebühren. Das Finanzamt machen Sie auch noch glücklich, weil die Software standardmäßig dafür sorgt, dass erstellte Rechnungen nicht geändert werden können und revisionssicher gespeichert werden. Kurz gefasst: Mit einer Rechnungssoftware können Sie einen weitgehend automatisierten Workflow gestalten – vom Angebot über Rechnungserstellung, Prüfung des Zahlungseingangs, Mahnwesen und Buchhaltung bis hin zur finanzamtskonformen Archivierung.

Empfehlenswerte Rechnungssoftware-Lösungen sind zum Beispiel *LexOffice, Buchhaltungsbutler* oder *SevDesk*. Für einfaches Rechnungsschreiben ist *Debitoor* ein intuitives und sehr anwenderfreundliches Programm.

Rechnungsformat: ZUGFeRD und PDF/A-3-Format

ZUGFeRD *(Zentraler User Guide des Forums elektronische Rechnung Deutschland)* ist ein branchenübergreifendes Datenformat zum elektronischen Rechnungsaustausch zwischen Unternehmen, Verwaltungen oder Behörden. Technisch basiert ZUGFeRD auf dem PDF/A-3-Format: Das PDF/A-3-Format gilt als Standard für den elektronischen Rechnungsaustausch. Es ist ein hybrides Format aus einem Rechnungsbild (lesbarer Teil des PDFs) und den in die PDF-Datei eingebetteten Rechnungsdaten im standardisierten XML-Format. Das hat den Vorteil, dass die Datei zum einen aus einem Bild (PDF) besteht, das menschliche Nutzer lesen können, und zum anderen aus einem XML-Datensatz, den Computer einfach digital auswerten können. Dadurch werden der elektronische Rechnungsversand und die Rechnungsbearbeitung standardisiert und vereinfacht.

Gut zu wissen: Und wie kommt jetzt Ihre Unterschrift auf die digitale Rechnung? Gar nicht. Eine Unterschrift ist nicht nötig. PDF-Rechnungen ohne Unterschrift sind rechtlich zulässig und heute gängige Praxis.

Elektronischer Rechnungsversand: Kunde muss zustimmen

Der Rechnungsempfänger muss der elektronischen Rechnungsübermittlung zustimmen. Die Zustimmung ist aber nicht an eine besondere Form gebunden. Sie kann beispielsweise per separater Zustimmungserklärung oder per Vereinbarung in den AGB erfolgen. Aber die Zustimmung kann auch stillschweigend erfolgen, das heißt, solange der Rechnungsempfänger nicht ausdrücklich eine Papierrechnung wünscht, dürfen Sie die Rechnung elektronisch verschicken.

Ein Musteranschreiben zur Umstellung auf den elektronischen Rechnungsversand und eine entsprechende Zustimmungserklärung finden Sie im Downloadbereich auf www.startschuss-digital.de.

Handschriftliche Notizen digitalisieren

Briefe und E-Mails schreiben, Berechnungen durchführen und Präsentationen erstellen: Das sind die Kernaufgaben der *MS-Office*-Programme. Aber was ist mit handschriftlichen Notizen? Ein Tablet oder ein Laptop mit einem digitalen Stift ist ein wunderbarer Papierersatz. So ausgerüstet lassen sich in Besprechungen handschriftliche Notizen sofort digitalisieren. Das ist kein Hexenwerk und geht mit *Microsoft 365* erstaunlich gut. In viele *Office*-Programme (z. B. *Word, OneNote, Power-Point, Excel, Outlook*) sind schon Funktionen für die Erzeugung digitaler Notizen integriert. Über den Reiter „Zeichnen" in der Menüleiste finden Sie eine Auswahl an verschiedenen „Stiften", mit denen Sie schreiben und zeichnen können.

Welche Vorteile bieten Ihnen digitale Notizen gegenüber dem Papier? Ganz klar die Suchfunktion – viele Programme warten mit einer OCR-Funktion auf, sodass Sie Ihre Notizen nach Schlagworten durchsuchen können. Papierene Notizbücher können Sie nur Seite für Seite durchsuchen. Noch ein Vorteil: Fehler in Ihren Notizen lassen sich sofort korrigieren oder löschen. Die Notizen lassen sich zudem beliebig erweitern oder im Nachhinein bearbeiten, beispielsweise durch Auswahl unterschiedlicher Schriftfarben oder durch Einfügen von Fotos, Grafiken u. a. Sie können von überall auf die Notizen zugreifen. Durch die Option, Notizen zu teilen, können Sie auch Kollegen an den Aufzeichnungen teilhaben lassen. Die digitalen Notizen lassen sich ganz einfach in Ihrer vorgegebenen Ablagestruktur archivieren; so führen Sie alle wichtigen Informationen zu einem Vorgang an einem Ort zusammen.

OneNote für digitale Notizen

Speziell für die Erstellung von digitalen Notizen wurde das Programm *MS OneNote* entwickelt. Mit *OneNote* können Sie einfach Notizen erfassen, diese digital ablegen und mit anderen Personen teilen, um eine reibungslose Wissensweitergabe zu ermöglichen. Ihre Notizen können Sie nicht nur handschriftlich über einen digitalen Stift erfassen, sondern auch über Spracheingabe oder klassisch über die Tastatur. Die Diktierfunktion ist überzeugend. Auf allen Geräten mit Mikrofon können Sie die Spracheingabe in Text umwandeln *(speech-to-text)*. Die Ergebnisse sind zwar nicht fehlerfrei, aber doch überraschend gut. Über „Videoaufnahmen" können Sie sogar mit der Webcam Ihres Laptops oder Tablets kurze Videoclips direkt in *OneNote* erstellen. Die Möglichkeiten von *OneNote* beschränken sich nicht nur auf das Erfassen von einfachen Notizen, sondern in *OneNote* können Sie zahlreiche multimediale Inhalte wie E-Mails, Links, Dateianlagen, Screenshots, abfotografierte Tafelbilder, Videos und viele mehr einfügen. Alle Inhalte in Ihrem digitalen Notizbuch lassen sich mit Kollegen einfach teilen und Sie können gemeinsam an den Notizen arbeiten. Die Suche nach Ihren Notizen in *OneNote* ist ausgezeichnet. Alle Inhalte sind volltextindiziert

– nicht nur Texte, sondern auch handschriftliche Notizen oder Texte in Bildern –, so können Sie mittels der Suchfunktion die gewünschten Informationen schnell finden. *OneNote* ist hervorragend mit dem restlichen *Microsoft-365*-Paket verknüpft. So können Sie beispielsweise mit nur einem Klick eine Notiz zu einer *Outlook*-Aufgabe machen.

Der Aufbau von *OneNote* ist an ein echtes Notizbuch bzw. einen Aktenordner angelehnt. Sie können Notizbücher, Abschnitte und Seiten anlegen. Der Vergleich zur Papierwelt stellt sich wie folgt dar:

OneNote		Papierwelt
Notizbuch	→	Aktenordner
Abschnitt	→	Trennregister
Seite	→	Papierblatt

Probieren Sie das Arbeiten mit *OneNote* einfach aus, Sie finden sicherlich interessante Anwendungsfelder für Ihren Büroalltag.

Anwendungsbeispiel: Durch die Möglichkeiten des mobilen Zugriffs (Smartphone, Tablet, Laptop) und der Notizerstellung über verschiedene Wege (Handschrift, Spracheingabe, Tastatur) ist *OneNote* das ideale Tool, um spontane Gedanken und Ideen festzuhalten – so verlieren Sie keinen Gedankenblitz mehr und halten sich den Kopf frei.

Und noch eins: Anders als ein „echtes" Papierbüchlein kann ein digitales Notizbuch dank Cloud auch nicht so leicht verloren gehen.

Alternativen zu *OneNote* sind *Evernote* oder *Goodnotes*.

Bevorzugen Sie traditionelle Notizen auf Papier?

Sie möchten Ihre Notizen lieber traditionell auf Papier verfassen und zugleich die Vorteile von digitalen Notizen nutzen? Einerseits ist es schön, die eigene Handschrift weiter zu praktizieren und als „Kulturgut" am Leben zu erhalten. Aber andererseits ist auch klar, dass Papiernotizen einige Nachteile mit sich bringen. Kein Problem, kombinieren Sie den Komfort des traditionellen Schreibens mit digitaler Technik. Mit einem **Smartpen** können Sie weiterhin Ihre handschriftlichen Notizen auf Papier pflegen und von den Vorzügen der Digitalisierung profitieren. Das Grundprinzip: Ein spezieller Stift speichert Geschriebenes und wandelt Ihre Schrift in einen digitalen Text um. Damit können Sie Ihre handschriftlichen Notizen, Skizzen und Ideen vom Papier in die digitale Arbeitswelt übertragen, sodass diese am PC oder Tablet digital aufbewahrt und verarbeitet werden können. Manche Smartpens haben zusätzlich die Möglichkeit, Audiodateien aufzuzeichnen.

Wie lässt sich ein Smartpen von einem Tablet-Stift abgrenzen? Während ein Smartpen Ihre Handschrift auf Papier per App digitalisiert, ist der Tablet-Stift nur als Bedienstift für ein Tablet zu sehen. Er kann nicht auf Papier schreiben.

Tool-Tipp: Smartpen

Mit einem Smartpen können Sie Ihre Notizen auf Papier festhalten und in Echtzeit über Ihr Smartphone oder Tablet in die digitale Arbeitswelt übertragen. Gute Smartpens gibt es beispielsweise von den Herstellern *Moleskine, Wacom, Neolab* oder *Livescribe*.

Digitale Post-its nutzen

Sie lieben die kleinen, gelben Haftzettel und Ihr Schreibtisch ist überall damit geschmückt? Das Zettel-Chaos muss nicht sein. Denn auch in der digitalen Welt haben Sie die Möglichkeit, mit den gelben Haftzetteln zu arbeiten. Mit der App ***Kurznotizen*** von *Microsoft* (im *Microsoft-365*-Paket enthalten) können Sie schnelle Notizen schreiben und als virtuelle Post-its an Ihren Desktop „anheften". Sie können damit zum Beispiel Einkaufslisten schreiben oder einfach schnell Ideen notieren, bevor Sie diese vergessen.

Das Praktische: Dank Cloud-Synchronisierung leben Ihre digitalen Post-its nicht nur an einem Ort. So können Sie auf Ihre Kurznotizen von überall – auf vielen *Microsoft*-Apps und Geräten (Laptop, Tablet, Smartphone) – zugreifen.

Alternativprogramme für Notizzettel auf dem Desktop sind *Klebezettel NG, Simple Sticky Notes* oder *ActiveNote*.

Papierbriefe per Mausklick versenden

100 % papierlos wird es nicht gehen. Ab und zu werden Sie auch weiterhin noch Briefe auf Papier erstellen. Solche Ausgangspost, die Sie, aus welchen Gründen auch immer, ganz klassisch als Brief verschicken, können Sie smart und kostengünstig über digitale Tools organisieren. Damit können Sie echte Briefe aus Ihren *Office*-Programmen heraus per Mausklick versenden, ohne zum Briefkasten gehen zu müssen. Sie installieren die digitale Briefversand-Software Ihres ausgewählten Anbieters als neue Druckeroption. Anschließend schreiben Sie Ihren Brief wie gewohnt beispielsweise in *Word* und übertragen ihn dann über die übliche Druckfunktion in die Versand-Software. Oder sie schreiben den Brief direkt in der Vorlage des Anbieters. Druck, Kuvertierung, Frankierung und Versand übernimmt der Dienstleister für Sie. Die Zustellung erfolgt beim Empfänger als echter

Papierbrief durch die Deutsche Post AG. Sie sparen sich damit den zeitaufwendigen Prozess des Briefversands (Drucken, Falzen, Kuvertieren, Frankieren, Einwerfen). Und das günstiger, als wenn Sie den Versand selbst organisieren.

Anbieter von digitalem Briefversand sind beispielsweise *Onlinebrief24, E-Post Mailer (Deutsche Post)* oder *LetterXpress.*

Digitale Unterschrift – Verträge online unterzeichnen

Sie wollen, dass Kunden Ihre Verträge oder sonstige Vereinbarungen sicher und rechtsverbindlich online unterzeichnen? Dann benötigen Sie eine digitale Signaturlösung. Digitale Signatur klingt sehr technisch – und ist es auch. Einfach ausgedrückt: Eine digitale Signatur ersetzt die handschriftliche Unterschrift in der digitalen Welt. Die digitale Unterschrift muss bestimmten Sicherheitsanforderungen genügen, damit gewährleistet ist, dass die Unterschrift auch wirklich vom Absender stammt und dass der Inhalt nicht verfälscht wurde. Um dies sicherzustellen, verwenden die digitalen Signaturlösungen komplexe Verschlüsselungstechnologien. Mit der digitalen Unterschrift lassen sich Geschäftsabschlüsse beschleunigen und administrativer Aufwand reduzieren, denn Dokumente können praktisch von jedem Gerät (PC, Tablet, Smartphone) aus und damit orts- und zeitunabhängig unterzeichnet werden. Ohne lästiges Ausdrucken, ohne aufwendiges Hin- und Herschicken von Unterlagen.

Anbieter von digitalen Signaturlösungen sind beispielsweise *DocuSign, Adobe Sign* oder *FP Sign.*

„Ein Optimist findet immer einen Weg.
Ein Pessimist findet immer eine Sackgasse.“

~ NAPOLEON HILL ~

Ihr Archiv: statische Ablage organisieren

Sobald der Vorgang erledigt ist, prüfen Sie, ob Sie die Papiere oder Dateien aufbewahren müssen. Alles, was Sie gleich wegwerfen können, spart zukünftige Energie und Zeit. Wenn Sie Vorgänge aufbewahren müssen, wandern diese in die statische Ablage.

Bei der statischen Ablage (Endablage) handelt es sich folglich um Ihr Archiv, in dem alle Dokumente und Belege abgelegt werden, die im Tagesgeschäft nicht mehr benötigt werden. Diese Dokumente müssen Sie nicht weiterbearbeiten, jedoch aufgrund gesetzlicher Aufbewahrungsfristen oder innerbetrieblicher Gründe aufbewahren.

Durchdachte Ordnerstruktur schaffen

Wichtig ist, eine gut durchdachte Ordnerstruktur für die statische Ablage zu schaffen. Sie sollten nicht einfach irgendwelche Ordner in der Cloud erstellen und darauf hoffen, dass Sie oder die anderen im Team diese schon finden. Ohne eine gut überlegte Systematik verschwindet Ihr Archivmaterial mit hoher Wahrscheinlichkeit in einem schwarzen Loch und lässt sich kaum mehr oder nur mit Anstrengung wiederfinden.

Sie müssen hierfür eine Lösung finden, die Ihrem Unternehmen entspricht. Grundsätzlich gibt es bei der Ordnerstruktur keinen allgemeingültigen Aufbau, da jedes Unternehmen anders ist – selbst innerhalb der gleichen Branche. Basteln Sie sich nichts auf die Schnelle, sondern überlegen Sie gründlich, wie Ihre Ordnerstruktur und Ihre Namenskürzel aussehen sollten, um dauerhaft Bestand zu haben und schnelle Suchergebnisse herbeizuführen. Immerhin nutzen Sie diese Struktur im Optimalfall jahrelang, sodass sich die vorab investierte Denkarbeit durchaus auszahlt. Schließlich planen Sie Ihr Archiv, das für Abrechnungen, Finanzamt, Gewährleistungs- und Rechtsfragen von großer Bedeutung sein kann. Erstellen Sie Ihre Ordnerstruktur gemeinsam mit Ihrem Team, um zukünftige Probleme zu vermeiden!

Beginnen Sie mit dem Allgemeinen und gehen Sie dann zum Spezifischen. **Denken Sie daran, die digitale und die papiergebundene Ablage identisch zu gestalten.** Ob digital oder analog: Die Prinzipien bleiben dieselben!

So gehen Sie vor:

1. **Identifizieren:** Identifizieren Sie Ihre Schwerpunkte. Welche Themen, Aufgabenbereiche und Sachbegriffe sind für Ihre Arbeit besonders wichtig?
2. **Gruppieren:** Richten Sie sinnvolle Hauptgruppen in einer übersichtlichen Hauptordnerstruktur (mit maximal 10 Hauptordnern und jeweils ca. fünf Unterordnern) ein. So reduzieren Sie den gedanklichen Aufwand, was Sie wo ablegen bzw. finden, auf ein Minimum. Je weniger Wahlmöglichkeiten Sie beim Ablegen und Zugreifen haben, desto eher sind Sie im richtigen Ordner. Verlassen Sie sich auf Ihre Suchfunktion! Damit sind Sie schneller, als wenn Sie eine ausufernde Ordnerstruktur durchsuchen. Mit einer guten Dateibenennung helfen Sie Ihrer Suchfunktion zusätzlich auf die Sprünge (siehe Tipp unten).
3. **Hierarchisieren:** Ordnen Sie nach Priorität, um die wichtigsten Thematiken zuerst zu finden. Da Computer immer nach alphabetischer Reihenfolge sortieren, müssen Sie die Ordnernamen vorne mit den Zahlen 01, 02 etc. nummerieren. So können Sie die Ordner nach Ihrer Reihenfolge sortieren und haben immer die wichtigsten Ordner in der Rangfolge oben stehen. Die Nummerierung hat auch

den Vorteil, dass die Ordnung, die Sie eingerichtet haben, einfacher beizubehalten ist – denn so kann niemand mal schnell einen neuen Ordner mit irgendeinem Namen versehentlich zwischen die von 01 bis 09 durchnummerierten Hauptordner „zwängen".

Einheitliche Dateibenennungsregeln definieren

Um der Suchfunktion zur vollen Glorie ihres Potenzials zu verhelfen, sind einheitliche Dateibenennungsregeln erforderlich. Ohne einheitliche Benennung wird es zum reinen Lotteriespiel, ob eine Datei gefunden wird oder nicht. Je mehr Dateien sich auf Cloud oder Festplatte tummeln, desto schwieriger wird es, sie wiederzufinden. Definieren Sie eindeutige Benennungsregeln bzw. eine einheitliche Schreibweise, damit Sie Ihre Dateien jederzeit über die Suchfunktion finden können. Schreiben Sie zum Beispiel Monate immer zweistellig und verwenden Sie immer das gleiche Trennzeichen (- oder _). Trennstriche innerhalb des Dateinamens sorgen für eine bessere Übersicht. Verzichten Sie außerdem auf kryptische Abkürzungen – nach wenigen Monaten können Sie sich wahrscheinlich nicht mehr an alle Abkürzungen erinnern. Da ist eine Verwendung von ganzen Worten zukunftssicherer.

Ich empfehle eine chronologische Sortierung nach Erstell- oder Rechnungsdatum in Verbindung mit Namen (Kunde, Lieferant, Behörde) und einer knackigen Beschreibung, die folgendermaßen aussehen kann:

Einheitliche Dateibezeichnung

» **JJJJ_MM_TT_NAME_BESCHREIBUNG**

» 2020_05_19_Telekom_RG Festnetz 2020_04

» 2020_06_06_Finanzamt_Einkommensteuerbescheid 2019

Die neuesten Dokumente stehen dank chronologischer Sortierung immer an erster Stelle. So können Sie Entwicklungsgeschichten und den Verlauf „Was bisher geschah ..." leicht nachvollziehen. Zudem ist das Weiterkopieren, Archivieren oder Löschen von Dateien in ganzen Blöcken viel einfacher mit der chronologischen Angabe vorne im Dateinamen.

Konsequente Speicherung in der Cloud

Ohne Cloud funktioniert kein papierloses System! Sämtliche Ordner müssen konsequent in der Cloud gespeichert werden. Lokale Dateien und Ordner sind tabu – *OneDrive* ist der Cloudspeicherplatz für Ihr papierloses Büro. Das Motto „Meine Ablage – mein Geheimnis" funktioniert in allen Unternehmen, in denen mehr als eine Person auf die Ablage zugreifen muss, nicht. Verzichten Sie komplett auf rein lokale Dateien und Ordner und speichern Sie alle wichtigen Dokumente in der Cloud.

Warum ist die Cloud so wichtig? Sie dient als digitales Ablagesystem und zentrale Anlaufstelle. Sie verbindet Ihr gesamtes Team miteinander, vereinfacht den Datenaustausch und fasst alle Daten an einem Ort zusammen. Als Teil des *Microsoft-365*-Pakets integriert sich *OneDrive* komfortabel in Ihren Büro-Workflow. Sie können in *Word, Excel, PowerPoint* und *OneNote* Dateien erstellen und direkt in *OneDrive* speichern und gemeinsam nutzen.

Durch *OneDrive* erlangen Sie mehr Flexibilität, weil das gesamte Archiv jedem Berechtigten unabhängig von Zeit und Ort zur Verfügung steht. Der Zugriff kann über verschiedene Geräte (Laptop, Tablet, Handy) erfolgen und Dokumente können über mobile Scan-Apps direkt hochgeladen werden. Sie bestimmen, inwieweit Dokumente in der Cloud gelesen, kommentiert oder bearbeitet werden dürfen. Das Freigeben von Dateien und Ordnern kann eingeschränkt und zeitlich limitiert werden, sodass bestimmte Mitarbeiter Daten nur lesen können, während andere sie bearbeiten dürfen.

Teilen Sie Inhalte mit Kunden und Geschäftspartnern auch außerhalb Ihres Unternehmens. So können Sie zum Beispiel für die Zusammenarbeit mit dem Steuerberater Buchungsbelege einfach austauschen.

Suchen Sie Alternativen zu *Microsoft*, dann sollten Sie sich die Angebote von *DropBox* oder die deutschen Cloudlösungen *OwnCloud* oder *IONOS HiDrive* anschauen.

„Ob Du denkst, Du kannst es, oder Du kannst es nicht – in beiden Fällen hast Du Recht.“

~ HENRY FORD ~

Muster-Ordnerstruktur für kleine Unternehmen

Jedes Unternehmen ist anders – jedes hat sein eigenes Chaos. Eine sinnvolle Ordnerstruktur muss den Anforderungen und Abläufen des Unternehmens entsprechen. Insofern gibt es auch keine allgemeingültige Struktur. Das ist für Sie wahrscheinlich eine enttäuschende Antwort. Sorry! Nachfolgend erhalten Sie aber eine Muster-Ordnerstruktur als Gedankenanstoß, die für viele kleine Unternehmen sicherlich in abgewandelter Form anwendbar ist. Sehen Sie das Beispiel als Anregung oder Buffet. Manche Ordner passen, andere möglicherweise nicht. Übernehmen Sie das, was Ihnen schmeckt, und ändern oder ergänzen Sie frei nach Gusto.

Mit fünf Ordnern erfolgreich organisiert

Hier ein Beispiel für eine mögliche Hauptordnerstruktur:

- 01) Eigenorganisation
- 02) Kunden
- 03) Lieferanten & Behörden
- 04) Buchhaltung
- 05) Projekte – Ideen – Infothek

01 Eigenorganisation

Den Hauptordner untergliedern Sie wie folgt:

- 01) Stammakte Unternehmen
- 02) Arbeitsanweisungen & Vorlagen
- 03) Produkte & Dienstleistungen
- 04) Marketing & Vertrieb
- 05) Personal
- 06) Notfallordner

In diesem Ordner legen Sie einen Unterordner „**Stammakte Unternehmen**" an, in dem Sie beispielsweise folgende Dokumente ablegen: Gesellschaftervertrag, Handelsregisterangelegenheiten, Grundbuchauszüge, Gründungsunterlagen (Gewerbeanmeldung, steuerlicher Fragenbogen, Businessplan), Einzahlungsnachweis GmbH-Stammkapital, Miet- und Leasingverträge, Darlehensverträge, wichtige Kaufverträge (wie Grundstückskauf) usw. In dem Ordner „Stammakte Unternehmen" landen wichtige Dokumente, die Dauersachverhalte des Unternehmens betreffen und die Sie entweder über die normale Aufbewahrungsfrist von 10 Jahren oder sogar unternehmenslebenslang aufheben sollten. Die Anlage eines Unterordners namens „**Arbeitsanweisungen & Vorlagen**" ist empfehlenswert. Hier gehören Arbeitsanweisungen, Briefvorlagen, Checklisten, Ablageplan, Organigramme, Unternehmensleitbild usw. hinein. Legen Sie auch einen Unterordner „**Produkte & Dienstleistungen**" an – hier kommt alles rund um Ihre Produkte und Dienstleistungen rein, wie z. B. Produktbeschreibung, Preislisten, Kalkulationen. In einem Unterordner „**Marketing & Vertrieb**" legen Sie Dateien zu den Themen Logos, Corporate Identity, Broschüren, Homepage,

Kampagnen, Präsentationen, Presse usw. ab. Falls Sie Mitarbeiter haben, ist die Anlage eines Ordners „**Personal**" sinnvoll, wo z. B. Arbeitsverträge, Lohnabrechnungen, Ergebnisse von Mitarbeitergesprächen, Zeugnisse, Stellenbeschreibungen, Bewerbungsunterlagen, Urlaubs- oder Stundenlisten verwahrt werden. Wenn aus Ihrer Sicht im Hauptordner „Eigenorganisation" noch etwas fehlt, dann ergänzen Sie noch Unterordner Ihrer Wahl.

Notfallordner: Plan B für den Notfall!

Fallen Sie länger aus, stehen Ihre Mitarbeiter und Angehörigen vor vielen Fragen. Was ist jetzt zu tun? Wo finde ich was? Sie müssen sicherstellen, dass Ihr Unternehmen im Falle des eigenen unerwarteten Ausfalls weiterläuft. Im Notfallordner ist hinterlegt, was im Notfall von wem zu tun ist und wo hilfreiche Informationen und Unterlagen zu finden sind: von Handlungsanweisungen, Vollmachten und Passwörtern über Kreditverträge bis hin zur Nachfolgeregelung. Ziel des Notfallordners ist es, für den Fall der Fälle vorzusorgen, damit Ihr Vertreter den Betrieb möglichst störungsfrei am Laufen halten kann.

Mehr Informationen zum Thema Notfallordner finden Sie im Downloadbereich auf www.startschuss-digital.de.

02 Kunden und 03 Lieferanten & Behörden

Diese beiden Hauptordner sind systematisch gleich unterteilt, hier gehören beispielsweise Schriftverkehr, Verträge, Angebote und Bestellungen hinein. **Bitte beachten Sie:** In diesen Ordnern werden keine Rechnungen abgelegt, Rechnungen kommen in den Ordner „04 Buchhaltung". Zu den Behörden gehören das Finanzamt, Krankenkassen, die Agentur für Arbeit, das Gewerbeamt, Berufskammern, die IHK u. a.

04 Buchhaltung

Den Hauptordner untergliedern Sie wie folgt:

- 01) Ausgangsrechnungen
- 02) Eingangsrechnungen
- 03) Bank
- 04) Steuerberater & Auswertungen
- 05) Jahresabschluss & Steuererklärungen

Im ersten Unterordner legen Sie die **Ausgangsrechnungen** ab, also Rechnungen, die Sie an Kunden schreiben. Eine Ablage von Ausgangsrechnungen ist nicht unbedingt notwendig, wenn Sie ein Rechnungsschreibungsprogramm nutzen, das die Rechnungen revisionssicher speichert und jederzeit in unveränderter Form wieder reproduzieren kann. Im Zweifel gehen Sie auf Nummer sicher und legen eine PDF-Kopie der Rechnung ab. Alle **Eingangsrechnungen**, also alle Rechnungen, die Sie bekommen, verwahren Sie im Ordner **„Eingangsrechnungen"**. In den Ordner **„Bank"** gehören Ihre **Kontoauszüge** zu Ihren Bankkonten und Kreditkarten. Bitte beachten Sie, dass die elektronischen Kontoauszüge nicht nur im PDF-Format zu archivieren, sondern – so der Wunsch des Finanzamts – auch in maschinell auswertbarer Form (z. B. als CSV-Datei) zu speichern sind. Fast alle Banken bieten im Rahmen des Online-Bankings die Möglichkeit, die elektronischen Kontoauszüge auch in alternativen Dateiformaten zu exportieren (CSV-MT940 wäre das bevorzugte Format). Ihre buchhalterischen Auswertungen (z. B. betriebswirtschaftliche Auswertungen, Umsatzsteuer-Voranmeldungen) und sonstige Unterlagen, die Sie vom Steuerberater bekommen, legen Sie im Ordner **„Steuerberater & Auswertungen"** ab. Schließlich kommen Ihr **Jahresabschluss** und die **Steuererklärungen** nebst dazugehörigen Dokumenten in den gleichnamigen Ordner. Für jedes Jahr legen Sie einen neuen „Buchhaltungsordner" an, also z. B. „Buchhaltung 2020" und „Buchhaltung 2021".

Tipp: Fotoüberweisung für Eingangsrechnungen nutzen

Sie haben Ihre Eingangsrechnungen ohnehin schon digitalisiert? Dann machen Sie es sich beim Bezahlen einfach. Laden Sie die Eingangsrechnung in die „Fotoüberweisung"-Funktion Ihres Online-Kontos hoch. Die zahlungsrelevanten Daten werden automatisch erkannt und direkt in das Überweisungsformular übertragen. Nur noch Zahlung freigeben – das war's! **Ihr Vorteil:** Sie sparen sich mühsames Abtippen der Empfängerdaten und Zahlendreher oder Tippfehler sind dank automatischer Datenerkennung ausgeschlossen.

Mit der „Fotoüberweisung" können Sie auch Rechnungen direkt mit dem Smartphone abfotografieren und überweisen.

05 Projekte – Ideen – Infothek

Hier finden Dokumente zu Projekten und Ideen ihren Platz. In den Projektordner kommen alle „lebendigen" Dokumente, die das Projekt unmittelbar betreffen. Ein Fachartikel hat Sie auf eine Idee zu einem neuen Produkt gebracht oder ein Testbericht inspiriert Sie, eine neue Software einzuführen? Es gibt so manche Vorhaben, die man vielleicht später angehen möchte, die aber derzeit noch nicht konkret sind. Solche Ideen und Vorhaben gehören in den Ideenordner. In der Infothek werden Dokumente zu „Wissen" abgelegt, also Informationen, die Sie bei der Arbeit regelmäßig oder künftig brauchen, die aber eher allgemeiner Natur sind, weil sie sich nicht einem Produkt, einem

Kunden oder dergleichen zuordnen lassen. Beispiele sind: Anleitungen und Tipps für wichtige Arbeitsprozesse und Aufgaben („Wie es geht"-Beschreibungen), Checklisten, Seminarskripte oder Fachartikel.

Ordnerstruktur fortlaufend optimieren

Beachten Sie: In den wenigsten Fällen ist eine neue Ordnerstruktur gleich zu 100 % perfekt. Im Laufe der Zeit werden Sie feststellen, an welchen Stellen mehr oder weniger Ordnung erforderlich ist. Überprüfen Sie daher turnusmäßig im Team, ob die neue Struktur sich in der Praxis bewährt oder ob es Sinn macht, Änderungen und Ergänzungen vorzunehmen. Es wird immer wieder Dokumente geben, bei denen Sie nicht sicher sind, wo sie genau abzulegen sind. Sammeln Sie solche Dokumente vorübergehend in einem Sammelordner und besprechen Sie im nächsten Teammeeting gemeinsam, wo diese abgelegt werden sollen.

Ab heute neu – Schnitt mit der alten Ordnerstruktur

Bevor Sie auf die neue Ordnerstruktur umstellen, sollten Sie einen Archiv-Ordner erstellen, in den Sie die alten Dateien verschieben. An einem vorher festgelegten Datum schalten Sie von der alten auf die neue Struktur um und ab dann arbeiten alle nur noch mit der neuen Ordnerstruktur. Sie haben die Wahl, den Archiv-Ordner einmal intensiv zu sichten und Dateien, die regelmäßig gebraucht werden, in einer Aktion von der alten in die neue Struktur umzuziehen. Oder Sie verschieben immer dann, wenn Sie im Tagesgeschäft eine Datei aus dem Archiv-Ordner benötigen, diese stückweise in die neue Struktur. In beiden Fällen prüfen Sie, ob die Dateibezeichnung auf Ihre neuen, einheitlichen Benennungsregeln anzupassen ist.

Tool-Tipp: Dateiumbenennungstools

Sie können Ihre „Altdateien" zwar per Hand umbenennen, es gibt aber auch kleine Tools, die Ihnen helfen, viele Dateien in einem Arbeitsschritt automatisiert umzubenennen. Das Grundprinzip: Sie bestimmen eine Umbenennungsregel (z. B. JJJJ_MM_TT_) und vergeben dafür einen Platzhalter. Alle im Tool aufgelisteten Dateien werden dann in Sekundenschnelle umgetauft, indem die Datumsangabe dem Dateinamen vorangestellt wird. Beispiele für Umbenennungstools sind *Joe, DateiUmbenenner* oder *EF Multi File Renamer*.

„Wir können den Wind nicht ändern,
aber wir können die Segel richtig setzen."

~ ARISTOTELES ~

Exkurs: private Ablage organisieren

Auch im privaten Bereich fallen ständig Dokumente und Dateien an, die aufbewahrt werden müssen. Wenn Sie Ordnung in Ihrer privaten Dokumentenablage halten möchten, ist ein klares Ordnungs- und Ablagesystem wie in Ihrem Unternehmen unverzichtbar. Die Vorgehensweise zum Aufbau Ihrer privaten Ablage lässt sich aus dem betrieblichen Bereich übernehmen. Alles beginnt mit der Bestandsaufnahme. Verschaffen Sie sich einen Überblick über alle aus- und eingehenden Dokumente:

» Was fällt alles an digitalen und Papier-Belegen an?

» Über welche Kanäle – analog oder digital – erreichen die Belege Sie (per Post, Fax, E-Mail, Downloadportal)?

Mit dem Überblick über alles vorliegende Material an Papieren und Dateien beantworten Sie anschließend folgende Fragen:

» Welche Belege müssen abgelegt werden? Was kann gelöscht werden?

» Was wird nur in Papierform, was digital aufbewahrt – und was muss in beiden Formen aufbewahrt werden?

Im nächsten Schritt setzen Sie einen Ablageplan auf, nach dem Sie vorgehen werden. Darin steht, welche Belege wie abgelegt werden, welche Ordnerstruktur gilt und nach welcher Systematik Dateien benannt werden. Für die realen Papierordner und die digitalen Dateiordner nutzen Sie die gleiche Ordnerstruktur. Und die einheitliche Dateibenennung definieren Sie nach dem bekannten Schema (siehe vorherige Seiten): „JJJJ_MM_TT_NAME_BESCHREIBUNG".

Mit 12 Ordnern das private Leben ordnen

Die Ordnerstruktur für den privaten Bereich kann sich nach den folgenden thematischen Kategorien gliedern, die einheitlich für den Computer und die Papierablage gelten:

- 01) Wichtige Dokumente & Urkunden
- 02) Finanzen
- 03) Wohnen
- 04) Schule, Weiterbildung & Beruf
- 05) Finanzamt
- 06) Rente & Altersvorsorge
- 07) Versicherungen
- 08) Gesundheit
- 09) Auto
- 10) Hausrat – Rechnungen, Garantien, Bedienungsanleitungen
- 11) Rechnungen A–Z inklusive Abos & Mitgliedschaften
- 12) Infothek

01 Wichtige Dokumente & Urkunden

Was gehört hinein? Hier legen Sie Geburtsurkunden, Heiratsurkunden, Kopien von Ausweisdokumenten (Pass, Führerschein), Testament, Vorsorgevollmachten, Patientenverfügung, wichtige Zeugnisse u. a. ab. Diese wichtigen Dokumente müssen Sie im Original aufbewahren – zur Sicherheit digitalisieren Sie unbedingt die wichtigsten Dokumente und legen Sie die digitalen Kopien auf einem USB-Stick ab, den Sie sicher verwahren (z. B. Safe).

02 Finanzen

Legen Sie hier alles rund um das Thema Finanzen ab: Girokonto, Kreditkarten, Kredite, Depot, Sparbuch, Geldanlage, Fonds, Banksafe u. a. Notieren Sie auch die Kontaktdaten Ihrer Ansprechpartner bei der Bank und am besten auch Notfallnummern, wenn Sie eine Karte sperren lassen müssen.

03 Wohnen

Alles, was mit Ihrem Haus bzw. Ihrer Wohnung zu tun hat, findet in diesem Ordner seinen Platz. Bei Eigenheim oder Eigentumswohnung: Kaufvertrag, Grundbuch, Baupläne und Lagepläne, Einheitswertbescheid, Grundsteuer, Darlehen, Gutachten, Handwerkerrechnungen, Heizung, Gebäudeversicherung, laufende Hauskosten u. a. Wohnen Sie zur Miete, dann sortieren Sie hier folgende Unterlagen ein: Mietvertrag, Dokumente zu Nebenkosten, laufenden Kosten (z. B. Strom), Mietkaution u. a.

04 Schule, Weiterbildung & Beruf

Was gehört hinein? Zeugnisse, Meisterbrief, Diplome, Arbeitsverträge, Gehaltsabrechnungen, Lebenslauf, Bewerbungsunterlagen, Korrespondenz mit dem Arbeitgeber u. a.

05 Finanzamt

Hier werden sämtliche Belege hinterlegt, die Sie für die Anfertigung der privaten Steuererklärung benötigen. Legen Sie jedes Jahr einen separaten Steuerordner für Ihre Steuerunterlagen an. Die Steuerbescheide und die Korrespondenz mit dem Finanzamt werden hier ebenfalls aufbewahrt.

06 Rente & Altersvorsorge

Hier gehört alles rund um die gesetzliche Rentenversicherung, das berufsständische Versorgungswerk, die betriebliche und private Altersvorsorge u. a. hinein.

07 Versicherungen

Erstellen Sie einen Ordner für Versicherungen. Zum besseren Überblick legen Sie jeweils einen Unterordner pro Versicherungsart an bzw. heften Sie in Ihrem Papier-Ordner ein Inhaltsverzeichnis über die Versicherungen ein. Hier kommen Korrespondenzen, Policen und Abrechnungen zu folgenden Versicherungen rein: Haftpflicht, Unfall, Rechtsschutz, Lebensversicherung, Berufsunfähigkeit, Hausrat u. a.

08 Gesundheit

Was gehört hinein? Alles rund um Ihre Kranken- und Pflegeversicherung, ärztliche Befunde, Medikamente, Krankhausaufenthalte, Gesundheitsausweise (z. B. Impfpass, Mutterpass), Arztrechnungen, Unterlagen zum Behindertenausweis u. a.

09 Auto

Richten Sie einen „Auto"-Ordner ein. Hier kommen beispielsweise folgende Unterlagen rein: Kaufverträge, Leasingverträge, Kfz-Kredit, Kfz-Brief, Reparaturrechnungen, TÜV/ASU-Belege, Kfz-Steuer, Kfz-Versicherung.

10 Hausrat – Rechnungen, Garantien, Bedienungsanleitungen

Legen Sie einen Ordner an für Bedienungsanleitungen, Garantien und Rechnungen für sämtliche Geräte und Einrichtungsgegenstände in Ihrem Haushalt. Als Ergänzung zu diesem Ordner kann ein Stehsammler sinnvoll sein, in dem Sie dickere Bedienungsanleitungen besser einsortieren als abheften können.

11 Rechnungen A–Z inklusive Abonnements & Mitgliedschaften

Alle Rechnungen, die thematisch in keinen der anderen Ordner passen, werden alphabetisch in diesem Ordner abgelegt. Hier kommen nicht nur einmalige oder wiederkehrende Rechnungen hinein, sondern auch Vereinbarungen zu Abonnements und Mitgliedschaften.

12 Infothek

Hier finden allgemeine Informationen ihren Platz, zum Beispiel Artikel zu Themen, die Sie interessieren, Informationen zu Ideen oder Vorhaben, die Sie vielleicht später angehen möchten.

Das wäre mein Vorschlag für Sie, um ein privates Ablagesystem aufzusetzen. Das System korrekt zu pflegen und mit den neu ankommenden Dokumenten und Dateien zu füttern – ist jetzt Ihr Part. Vielleicht kommt der eine oder andere Ordner für Sie nicht infrage oder es fehlt nach Ihrer Ansicht ein Ordner für ein wichtiges Sachthema. Kein Problem. Ergänzen Sie das Ordnersystem nach Ihren Wünschen und gestalten Sie damit Ihr eigenes Ablagesystem.

Zusammenfassung Teil IV

- » Jetzt sind Sie ein großes Stück weiter: In diesem Kapitel ist es konkret geworden. Sie wissen jetzt, wie Sie Ihr digitales Büro effektiv managen. Ihr Alltagsgeschäft organisieren Sie in Gestalt der vier großen Tätigkeitsfelder der dynamischen Ablage: Aufgaben, Termine, Meetings und E-Mails. Ihre Schaltzentrale ist dabei Ihr E-Mail-Programm *Outlook*. Zusammen mit dem vernetzten, multifunktionalen *Microsoft-365*-Paket gleicht es einer vielarmigen indischen Gottheit, die Ihren Büro-Zehnkampf für Sie ausficht. Nach Ihrem individuellen Bedarf können Sie große oder kleine Tools als weitere smarte „Arme" hinzufügen.
- » Eines kann Ihnen weder die dienstbare vielarmige Gottheit noch ein Ratgeber wie das vorliegende Buch abnehmen: eine durchdachte, auf Ihr Unternehmen zugeschnittene Ordnerstruktur zu erstellen für Ihre Ablage in der Cloud, also in Ihrer zentralen Datenanlaufstelle. Wie Sie diese Struktur am besten finden, haben Sie hier im Detail erfahren; die wichtigsten Prinzipien: Nehmen Sie dabei Ihr Team mit, gestalten Sie Digital- und Analog-Ablage parallel, identifizieren, gruppieren und hierarchisieren Sie Ihre Schwerpunkte, richten Sie eine überschaubare Zahl von Haupt- und Unterordnern ein und geben Sie Ordnern und Dateien einheitliche, eindeutige, selbsterklärende Namen, damit die Suchfunktion das Gewünschte schnell finden kann.

Teil V: Datensicherheit und Datenschutz

In diesem Teil erfahren Sie …

- wie Sie sich – u. a. durch Virenschutzprogramme und eine 3-2-1-Backup-Strategie – vor einem Verlust Ihrer Unternehmensdaten schützen
- wie Sie die Datenschutzgrundverordnung einhalten, die Sie zum verantwortungsvollen Umgang mit personenbezogenen Daten verpflichtet

Im papierlosen Büro sind Datenschutz und Datensicherheit Themen, die Sie unbedingt beachten müssen. Maßnahmen zur Datensicherung und zum Datenschutz sind ein Muss für jedes Unternehmen, egal welcher Größe.

Was ist der Unterschied zwischen Datensicherheit und Datenschutz?

Während es bei der Datensicherheit vor allem um den technischen Schutz von Daten im Allgemeinen geht, zielt der Datenschutz auf den Schutz von personenbezogenen Daten ab. Beim Datenschutz sollen also die Menschen hinter den Daten vor einem Missbrauch ihrer Daten geschützt werden.

„Die Kunst ist, einmal mehr aufzustehen,
als man umgeworfen wird.“

~ WINSTON CHURCHILL ~

Datensicherheit

Kein Unternehmen ist immun gegen den Verlust seiner Daten. Daten können durch menschliche Unachtsamkeit, Hardwaredefekte, Softwarefehler, kriminelle Cyberangriffe oder auch höhere Gewalt abhandenkommen. Sind die Daten weg, führt das zu teuren Betriebsstörungen und Ausfallzeiten, unzufriedenen Kunden und schließlich zu Umsatzverlusten. Und nebenbei drohen auch rechtliche Konsequenzen, denn Sie sind gesetzlich verpflichtet, sich ordentlich um die Daten Ihres Unternehmens und die Ihrer Kunden und Geschäftspartner zu kümmern. So ist der Ärger mit dem Finanzamt programmiert, wenn Sie in der nächsten Steuerprüfung ohne Belege dastehen. Oder es drohen datenschutzrechtliche Sanktionen, wenn Sie unachtsam mit personenbezogenen Daten umgehen. In diesem Punkt überschneiden sich Datensicherheit und Datenschutz: Geraten Ihre (Kunden-)Daten in falsche Hände, entsteht nicht nur Ihrem Unternehmen ein Schaden, sondern Sie sind auch Ihrer gesetzlichen Verpflichtung zum Datenschutz nicht gerecht geworden.

Backup-Strategie: das *3-2-1-Prinzip*

Vor einem Verlust Ihrer Unternehmensdaten schützen Sie sich durch eine Backup-Strategie. Als Standard für jede Backup-Strategie hat sich das *3-2-1-Prinzip* durchgesetzt. Diese Backup-Lösung steht für:

» Speichern Sie **3 Kopien** Ihrer Daten

» auf **2 unterschiedlichen** Medien

» und verwahren Sie **1 Kopie** an einem **externen Ort**.

Genauer betrachtet besagt das *3-2-1-Prinzip*, dass jedes Unternehmen neben dem „Original" mindestens zwei Backups besitzen sollte – also ein Original, ein Backup und ein Backup des Backups. Zwei Sicherungen sollten wiederum auf zwei verschiedenen Speichermedien (externe Festplatte, USB-Stick, Cloud, DVD o. Ä.) erfolgen, um für den Ausfall eines Speichertyps gerüstet zu sein. Eines der Speichermedien sollte außerhalb des Unternehmens aufbewahrt werden, um die Daten gegen äußere Einflüsse wie Feuer, Überschwemmung, Erdbeben, aber auch vor Diebstahl zu schützen. Insbesondere die externe Sicherungskopie kann bei Cyberattacken der helfende Rettungsring sein, wenn Kriminelle durch Schadsoftware Dateien beschädigen oder Unternehmensdaten verschlüsseln, um Lösegeld zu erpressen.

| **Wichtig:** Schützen Sie Ihre IT-Landschaft mit ständig aktuell gehaltenen Schutzprogrammen vor externen Bedrohungen.

Mit der *3-2-1-Regel* im Hinterkopf können Sie jetzt Ihre passende Backup-Strategie planen. Dabei müssen Sie sich entscheiden, welche Art von Backup-Medien Sie für die Sicherung vor Ort wie auch für die außerhalb des Unternehmens verwenden wollen. Bei der Auswahl kommen klassische lokale Speichermedien, die Cloud oder eine Kombination aus beiden Varianten in Betracht.

Das klassische Backup

Die klassische Lösung, Backups zu erstellen, setzt auf lokale Speichermedien. Bei dieser Art des Backups kommen physische Speichermedien zum Einsatz, wie zum Beispiel externe Festplatten, USB-Sticks, CDs, DVDs. Für kleine Unternehmen sind diese Backup-Medien in der Regel ausreichend, doch für größere Büros mit mehreren Arbeitsplätzen brauchen Sie oft mehr Power im Backup-Ofen. In diesem Fall sind NAS-Geräte eine gute Option. NAS steht für *Network Attached Storage* und bedeutet im Grunde nichts anderes als ein ans Netzwerk angeschlossenes Speichermedium, also eine Art lokale Cloud. Doch beachten Sie: Auch ein NAS-Gerät ist in Ihrem Unternehmen beheimatet; es ist also für Datenverluste im System genauso anfällig wie der Rest Ihres Netzwerks. Deshalb sollten Sie auch hier an den Punkt „externe Sicherung" der 3er-Regel denken.

| **Wichtig:** Backup-Speichermedien sollten wirklich nur zum Zweck der Datensicherung an den Computer angeschlossen werden. Nach erfolgreicher Sicherung sollte das lokale Speichermedium wieder vom Rechner getrennt werden: Damit haben Schadsoftware und Hacker keine Chance, die gesicherten Daten anzugreifen. Bevor Sie Ihre Backups außer Haus geben, um sie bei Dritten sicher zu lagern, sollten Sie die Backups unbedingt verschlüsseln, um das Risiko des Datenmissbrauchs zu minimieren. Verschlüsselung klingt kryptisch und technisch, aber die Verschlüsselung der Datensicherung kann auch einfach und zugleich wirkungsvoll sein. Vergeben Sie ein Passwort; nur, wer dieses Passwort kennt, kommt an die Daten.

Tool-Tipp: Passwort-Manager

Nur durch starke und ständig wechselnde Passwörter schützen Sie zuverlässig Ihre Daten. Ein Passwort-Manager hilft Ihnen, sichere Passwörter zu generieren, zu speichern und zu verwalten. Die digitale Passwortverwaltung ist wie ein Safe, in dem Sie Ihre Passwörter sicher verwahren können. Den Zugriff zu diesem Safe haben Sie über ein Masterpasswort. Damit verwalten Sie sicher und zentral alle Passwörter, die Sie im Internet benutzen. Das Tool gibt die gespeicherten Passwörter direkt ein, wenn danach gefragt wird. Deshalb sparen Sie Zeit bei der Passwort-Verwaltung und sind zugleich durch hohe Sicherheitsstandards geschützt.

Passwort-Manager-Lösungen sind beispielsweise *Dashlane, LastPass, Bitwarden* oder *Avira Password Manager.*

Ab in die Cloud: Datensicherung ohne Hardware

Die Cloud ist für die Datensicherung gerade kleinerer Unternehmen eine attraktive Option. Das *„KIS"-Prinzip* („*Keep IT simple*") spielt hier die zentrale Rolle: Sie müssen keine teure Hard- und Software anschaffen, für die Einrichtung und Pflege sind keine tiefgreifenden IT-Kenntnisse erforderlich und die Cloudlösungen lassen sich einfach und komfortabel bedienen. Außerdem sind die Daten dank Cloud auf beliebigen Endgeräten ortsunabhängig erreichbar. So sind Sie an jedem anderen Gerät sofort wieder arbeitsfähig, wenn beispielsweise Ihr Haupt-PC crasht. Durch die Speicherung außerhalb des eigenen Unternehmens ist der Punkt „externes Backup" der *3-2-1-Regel* gewährleistet und das physische Verlustrisiko wie bei lokalen Speichermedien minimiert.

Während die Auslagerung der Daten in eine Cloud für die Datensicherheit empfehlenswert ist, können Clouddienste aus datenschutzrechtlicher Sicht bedenklich sein. Die Unternehmensdaten können weltweit gespeichert sein und es kann sein, dass die Dienste weniger strenge Datenschutzbestimmungen beachten als in Deutschland. Das kann zu Problemen mit der deutschen Datenschutzgrundverordnung (DSGVO) führen. Deshalb sollten Sie bei der Wahl Ihres Clouddienstes darauf achten, dass die Daten auf DSGVO-konformen Servern gespeichert und die Datensicherheitsbestimmungen eingehalten werden.

Wenn Sie datenschutzrechtlich auf Nummer sicher gehen wollen, nutzen Sie eine Verschlüsselungssoftware für Cloudsysteme wie beispielsweise *Boxcryptor*. Damit werden alle Dateien verschlüsselt, bevor sie überhaupt in der Cloud landen. So stellen Sie sicher, dass unbefugte Anwender keinen Zugriff auf die Daten in der Cloud erhalten.

Wer Daten sicher in der Cloud speichern will, kann natürlich auch auf Cloudspeicher setzen, in denen die Verschlüsselung bereits integriert ist. Beispiele sind *Tresorit* oder *Secure Cloud*.

Tool-Tipp: *Boxcryptor*

Um zu verhindern, dass Daten beim Serverbetreiber unbefugt von Fremden gesehen oder verändert werden, gibt es Programme wie *Boxcryptor*, die Dateien ver- und entschlüsseln, und zwar vor und nach der Datenübertragung im Internet. Mit der Verschlüsselungs-Software *Boxcryptor* sorgen Sie dafür, dass kein Dritter auf Ihre Daten zugreifen kann. *Boxcryptor* verschlüsselt Ihre Daten direkt auf Ihrem Gerät, bevor sie an Ihren Cloudanbieter übertragen werden. Das Tool ist mit so gut wie jedem Cloudspeicher kompatibel.

Das teuerste Backup ist das, das Sie nie gemacht haben

All die Planerei ist vergebens, wenn Sie sie am Ende nicht umsetzen. Die beste Backup-Strategie nützt Ihnen nur, wenn Sie auch regelmäßig Sicherungen erstellen. Sie können Sicherungen händisch durchführen oder automatisiert durch einen Backup-Service. Händisch gelingt das folgendermaßen: Markieren Sie den zu speichernden Ordner auf *OneDrive* bzw. auf Ihrem lokalen Laufwerk und wählen Sie mittels eines rechten Mausklicks „kopieren". Legen Sie einen neuen Ordner an, beispielsweise „JJJJ_MM__TT OneDrive Backup" und speichern Sie den Ordner über „einfügen". Der Backup-Ordner sollte sich vom Original durch eine leichte Veränderung im Namen abgrenzen, um eine Verwechslung zu verhindern. Nicht dass Sie das Backup benutzen, um weiterzuarbeiten, während das Original im alten Zustand bleibt. Und später der alte Zustand den neueren überschreibt.

Regelmäßige Backups durchzuführen, ist ein löblicher Vorsatz, aber leider auch nur die halbe Miete. Die manuelle Datensicherung kann schon mal vergessen werden oder die Abstände zwischen den einzelnen Backups sind zu groß, sodass wichtige Informationen fehlen. Gegen die menschliche Vergesslichkeit können Sie einen automatisierten Cloud-Backup-Service verpflichten, wie beispielsweise *Acronis, Ashampoo Backup Pro 15* oder *IONOS Cloud Backup*. Die Backup-Software übernimmt dann die automatische Datensicherung. Dazu müssen Sie nur bestimmen, welche Ordner regelmäßig im Backup gesichert werden sollen, und die Backup-Intervalle festlegen.

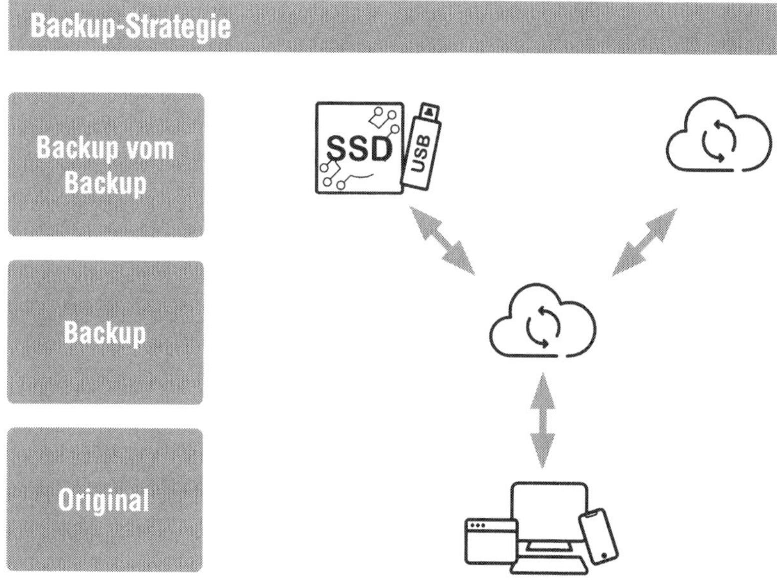

| Gut zu wissen: Wenn Sie *OneDrive* als Cloud benutzen, sollten Sie Folgendes wissen: *OneDrive* ist ein Hybrid-Cloudspeicher, der Ihre Daten sowohl lokal als auch in der Cloud speichert. Das bedeutet: Für einen funktionierenden Datenaustausch muss *OneDrive* die Speicherorte auf den lokalen Festplatten und der Cloud laufend synchronisieren. Das bedeutet jedoch auch: Wenn Sie eine Datei irrtümlich ändern oder löschen, geschieht das an beiden Speicherorten. Sie können versehentlich gelöschte Dateien zwar wiederherstellen, aber alle Elemente im *One-Drive*-Papierkorb werden nach 30 Tagen automatisch gelöscht. Für die Datensicherung mit *OneDrive* ist deshalb zusätzlich ein klassisches (unveränderliches) Backup sinnvoll.

Unterschied von Datensicherung und Archivierung

Die Begriffe werden oft synonym gebraucht, doch Datensicherung und Archivierung sind zwei unterschiedliche Dinge.

Bei der Datensicherung (Backup) geht es um das regelmäßige Kopieren von Daten auf ein anderes Speichermedium, um einem möglichen Datenverlust vorzubeugen.

Unter Archivierung versteht man die langfristige und unveränderbare Aufbewahrung von Daten aufgrund von gesetzlichen oder unternehmensinternen Vorschriften zum Zweck der Nachvollziehbarkeit, beispielsweise zum Nachweis der Ordnungsmäßigkeit der Buchführung im Rahmen einer Steuerprüfung.

Kurz gesagt: Bei der Datensicherung geht es also um die Wiederherstellung von Daten im Verlustfall, während bei der Archivierung die Nachvollziehbarkeit (Langzeitspeicherung) und Rechtssicherheit im Fokus stehen.

„Erfolg hat drei Buchstaben: TUN."

~ JOHANN WOLFGANG VON GOETHE ~

Datenschutz

Datenschutz ist ein komplexes und umfangreiches Thema für sich und verdient ein eigenes Buch, verfasst von entsprechenden Experten. Im Rahmen dieses Ratgebers wird daher auf das Thema Datenschutz nur einleitend eingegangen. Der Datenschutz erlegt Ihnen eine gewisse Sorgfaltspflicht für personenbezogene Daten auf. Unter personenbezogenen Daten werden persönliche und sachliche Informationen über natürliche Personen verstanden, wie Name, Geburtsdatum, Adresse, Familienverhältnisse, Einkommen, Vermögen, Gesundheit und vieles andere mehr.

Der Gedanke dahinter? Einfach erklärt umschreibt Datenschutz den Schutz vor missbräuchlicher Datenverarbeitung und den im Grundgesetz verankerten Schutz des Rechts auf informationelle Selbstbestimmung. Ob Kunden, Mitarbeiter oder Geschäftspartner: Jeder hat das Recht, selbst darüber zu entscheiden, wem wann welche seiner persönlichen Daten zugänglich sein sollen. Im Wesentlichen geht es darum, die Daten nur für die vereinbarten Zwecke zu nutzen und nur so wenig personenbezogene Daten zu erheben, wie unbedingt erforderlich sind. Sie sind verpflichtet, darauf zu achten, dass Daten in Ihrem Unternehmen nicht missbraucht werden. Die personenbezogenen Daten sind so zu verwahren, dass Dritte und Unbefugte innerhalb des Betriebs keine Einsicht in diese Daten haben.

Das papierlose Büro kann zu einem hohen Maß an Datenschutz beitragen, denn anders als in einem papierbasierten Unternehmen haben Sie dort die Möglichkeit, durch Zugangsrechte, Passwörter und Verschlüsselungstechnik vertrauliche Informationen zu schützen. Herumliegende sensible Dokumente und Akten, in die jeder hineinsehen kann, gehören der Vergangenheit an. Ebenso das Risiko eines unbemerkten Druckens oder Kopierens sensibler Informationen.

Viele digitale Softwarelösungen verfügen über fortschrittliche Sicherheitsfunktionen, damit Ihre Dateien sicher verwahrt sind – zum Beispiel individuelle Zugriffsrechte. Diese Zugriffsrechte können Sie in der Regel auf Dokumenten-, Benutzer- oder Systemebene festlegen.

Darüber hinaus können Sie elektronische Signaturen nutzen, vertrauliche Informationen per Passwort sichern, digitale Prüfprotokolle erstellen und vieles mehr.

| **Pflicht zur Löschung oder Vernichtung:** Papierdokumente und Daten mit personenbezogenen Informationen sind zu vernichten bzw. zu löschen, sobald die Erforderlichkeit nicht mehr gegeben ist und kein Gesetz mehr ausdrücklich eine Aufbewahrung verlangt. Doch sie einfach über den Müll zu entsorgen, ist nicht datenschutzkonform. Auch bei der Entsorgung sind personenbezogene Informationen vor unbefugten Einblicken zu schützen. Daher sind Datenträger und Papierakten mit schützenswerten Informationen immer auf eine Art und Weise zu entsorgen, die verhindert, dass ein Unberechtigter darauf zugreifen oder der Inhalt rekonstruiert werden kann. Für Art und Umfang der Vernichtung gelten unterschiedliche Sicherheitsstufen. Je höher der Schutzbedarf der Informationen, umso kleiner muss das „Überbleibsel" nach der Vernichtung sein.

| **Tipp:** Statt sich selbst stundenlang an den Schredder zu stellen, lassen Sie eine verschlossene Datenschutz-Tonne kommen, in die Sie den ganzen Papierkram reinschmeißen können. Oder Sie greifen auf einen professionellen Dienstleister zurück. Durch die ersparte Arbeitszeit machen sich die Kosten dafür mehrfach bezahlt und Sie erhalten einen Nachweis über die datenschutzkonforme Vernichtung. Dienstleister für professionelle

Aktenvernichtung sind beispielsweise die Firmen *Reisswolf* und *Rhenus*.

Zusammenfassung Teil IV

» In diesem Kapitel haben Sie erfahren, was der Unterschied zwischen Datensicherheit und Datenschutz ist und welche Aufgaben und Pflichten beide für Sie mit sich bringen. Beide sind ein absolutes Muss!

» Datensicherheit umfasst Ihre Schutzmaßnahmen gegen Risiken wie Datenverlust oder Hackerangriffe, die Ihr Geschäft nachhaltig schädigen können.

» Datenschutz meint Ihre gesetzliche Verpflichtung zum Schutz personenbezogener Daten vor missbräuchlicher Nutzung: Denn Ihre Kunden, Mitarbeiter und Geschäftspartner haben ein Recht auf informationelle Selbstbestimmung.

„In dieser Welt gibt es nichts Sicheres als den Tod und die Steuern."

~ BENJAMIN FRANKLIN ~

Teil VI: Das Finanzamt und das papierlose Büro

In diesem Teil erfahren Sie ...

» welche Spielregeln das Finanzamt hinsichtlich der Belegorganisation und Buchführung vorgibt

» wie Sie diese Spielregeln befolgen können, welche Hard- und Software Ihnen dabei hilft – und dass Sie trotzdem keinen „Tod in Schönheit" sterben müssen

Auch das liebe Finanzamt hat ein Wörtchen mitzureden, wenn es um die digitale Arbeitsweise und die Organisation Ihres papierlosen Büros geht. Egal, ob klassisches oder digitales Büro, egal, ob Soloselbstständiger oder Großkonzern, das Finanzamt gibt Spielregeln für jeden Unternehmer hinsichtlich der Belegorganisation und der Buchführung vor. Die Finanzverwaltung nennt diese Spielregeln „**GoBD**"; hinter dem Kürzel steht das Wortungetüm „**G**rundsätze zur **o**rdnungsmäßigen Führung und Aufbewahrung von **B**üchern, Aufzeichnungen und Unterlagen in elektronischer Form sowie zum **D**atenzugriff". Vereinfacht ausgedrückt: Die GoBD legen fest, wie aus Sicht des Finanzamts steuerrelevante Belege erfasst, verbucht und archiviert werden sollen und welche Anforderungen die hierfür eingesetzte EDV erfüllen muss.

Was sind steuerrelevante Belege?

Steuerrelevant sind alle Belege zu Geschäftsvorfällen, die sich auf den Gewinn (Betriebseinnahmen und Betriebsausgaben) oder auf das Vermögen des Unternehmens auswirken. Anders ausgedrückt: Steuerrelevant sind Belege, die Niederschlag in Ihrer Buchführung finden. Im Mittelpunkt stehen dabei die klassischen Buchungsbelege wie z. B. Eingangs- und Ausgangsrechnungen, Barquittungen sowie Kontoauszüge. Aber daneben sind nicht nur Ihre unmittelbaren Buchungsbelege steuerrelevant, sondern auch Belege, die zum weiteren Verständnis und zur Überprüfung der Buchungsbelege erforderlich sind. Der Begriff „Beleg" steht stellvertretend für elektronische und papierene Dokumente wie auch für Dateien und Datensätze. Das Blöde: Die Finanzverwaltung gibt keine abschließende Definition für sogenannte steuerrelevante Belege und Daten vor. Eine vollständige Aufzählung kann aufgrund der Vielfalt und der Tatsache, dass die Dokumentenbezeichnung nicht maßgebend für die steuerliche Relevanz ist, naturgemäß auch nicht geleistet werden. Nachstehend eine **beispielhafte** Aufzählung von steuerrelevanten Belegen und Daten als Orientierungshilfe:

» Buchungsbelege wie Ausgangs- und Eingangsrechnungen, Quittungen, Zahlungsbelege

» Kontoauszüge (Bank, Kreditkarte, PayPal)

» Lohn- und Gehaltslisten, Kassenbücher, Reisekostenabrechnungen, Aufzeichnungen über Wareneingänge/-ausgänge, Inventurlisten

» Berechnungen zur Bewertung von Wirtschaftsgütern und Schulden

» Geschäftsbriefe, Verträge, Angebote

» alle in § 147 Abs. 1 AO ausdrücklich genannten Unterlagen (Bücher, Inventare, Jahresabschlüsse, Geschäftsbriefe usw.)

Es ist nicht immer ganz einfach festzustellen, welche Belege und Daten steuerlich relevant sind. Nicht jeder Brief ist ein Geschäftsbrief, nicht jeder Beleg ein Buchungsbeleg. Als Hilfestellung finden Sie im Downloadbereich ein ABC der steuerrelevanten Belege und Aufbewahrungsfristen.

Ein beispielhaftes **ABC der steuerrelevanten Belege und Aufbewahrungsfristen** finden Sie zum Download auf www.startschuss-digital.de.

Was umfassen die GoBD?

Die GoBD umfassen folgende vier Aspekte:

» GoBD-konforme Arbeitsweise

» Einsatz von GoBD-konformer Software und Hardware

» revisionssichere Archivierung

» Verfahrensdokumentation

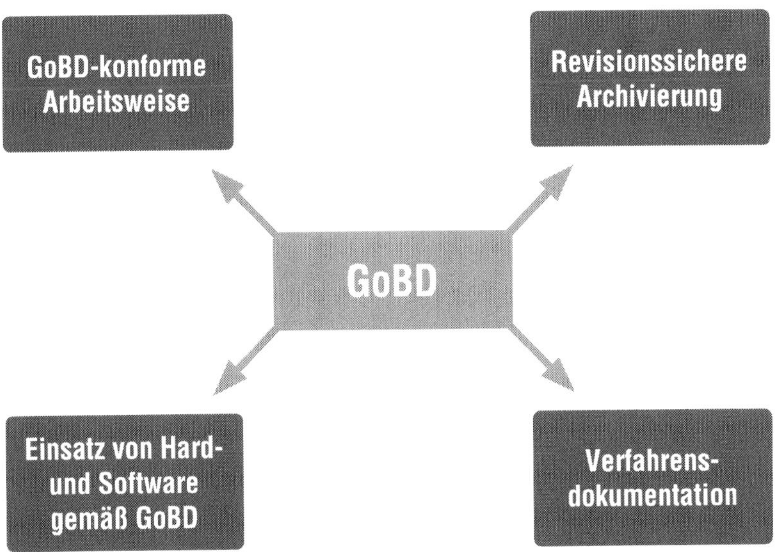

„Wenn alles gegen dich zu laufen scheint, erinnere dich daran, dass das Flugzeug gegen den Wind abhebt, nicht mit ihm.“

~ HENRY FORD ~

GoBD-konforme Arbeitsweise

Die GoBD definieren nicht exakt, wie Ihre Belegorganisation und Ihre Buchführung auszusehen haben. Das wäre auch bei den verschiedenen Betriebsgrößen und Branchen und den damit verbundenen unterschiedlichen Betriebsabläufen schlichtweg unmöglich. Was sie aber definieren, sind grundsätzliche Spielregeln zur Arbeitsweise. Um Ihre Belege und Ihre Buchführung finanzamtskonform zu organisieren, egal, ob in Papierform oder elektronisch, sind folgende Grundsätze zu beachten:

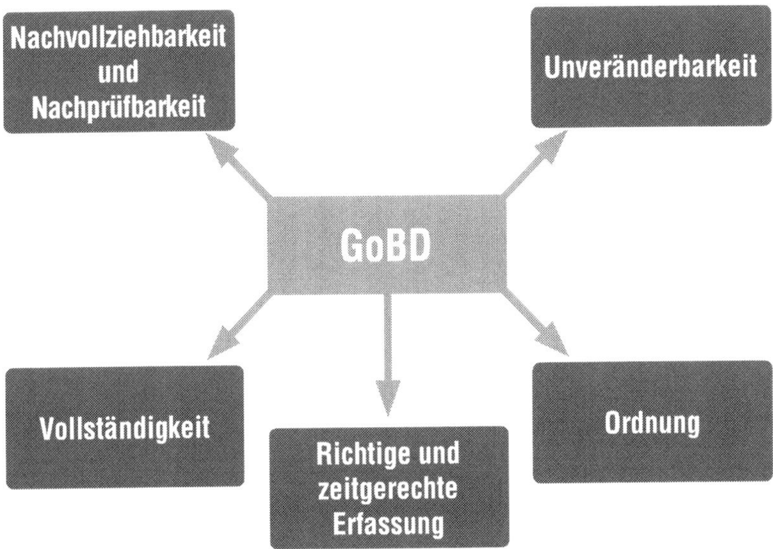

» **Nachvollziehbarkeit und Nachprüfbarkeit**

Die Aufzeichnung und die Verbuchung der einzelnen Geschäftsvorfälle müssen über die Dauer der Aufbewahrungsfrist so nachvollziehbar sein, dass sich ein Betriebsprüfer jederzeit Überblick über die Geschäftsvorfälle und über die Lage des Unternehmens verschaffen kann. Die Verarbeitungskette von der Entstehung des Belegs über die Erfassung in der Buchführung bis hin zur Angabe in der Steuererklärung – wie auch der entgegengesetzte Weg von der Steuererklärung zum Beleg – muss sich nachverfolgen lassen. Um das zu erreichen, ist die eiserne Buchhalterregel strikt einzuhalten: **keine Buchung ohne Beleg!** Jeder Geschäftsvorfall muss anhand eines Belegs nachgewiesen werden. Die sogenannte Belegfunktion bedeutet, dass es der Zweck der Belege ist, den Nachweis über den Zusammenhang zwischen dem realen Geschäftsvorfall einerseits und der erfassten Buchung in der Buchführung andererseits zu erbringen. Die Belegfunktion kann sowohl in Papierform als auch durch digitale Daten bzw. Dokumente erfüllt werden (digitale Belege). Die Nachvollziehbarkeit der Buchführung kann durch eine logische oder technische Verknüpfung zwischen Beleg und Buchung erhöht werden. Die Belegzuordnung zur Buchung kann bei Papierbelegen durch die Übernahme von eindeutigen Belegmerkmalen (u. a. hinreichende Bezeichnung des Geschäftsvorfalls, Belegdatum, Belegnummer, Betrag) in den Buchungssatz bzw. umgekehrt durch handschriftliche Buchungsangaben („Kontierung") auf dem Papierbeleg erfolgen. Bei elektronischen Belegen kann dies auch durch die Verbindung mit einem Datensatz oder durch eine elektronische Verknüpfung erfolgen. Zur besseren Nachvollziehbarkeit der Belegorganisation und Buchführung verlangt die Finanzverwaltung eine Verfahrensdokumentation. Die Verfahrensdokumentation beschreibt den organisatorischen und technischen Prozess von der Belegentstehung über die Verbuchung bis zur Archivierung.

Eigenbeleg: Rettungsanker bei fehlendem Beleg

„Keine Buchung ohne Beleg", so lautet der in Stein gemeißelte Buchhaltergrundsatz. Was ist aber, wenn kein Fremdbeleg ausgestellt wurde, ein Originalbeleg verloren gegangen ist oder es sich um einen internen Geschäftsvorfall handelt (z. B. Privatentnahme, Reisekostenabrechnung)? Die Lösung: Sie schreiben einen Eigenbeleg. Auf dem Eigenbeleg stellen Sie möglichst präzise dar, wofür, wie viel, wann und an wen gezahlt worden ist und was der Grund für die Ausstellung des Eigenbelegs ist. Im Prinzip müssen auf dem Eigenbeleg die gleichen Angaben wie auf dem Fremdbeleg stehen.

» **Vollständigkeit**

Nach dem Grundsatz der Vollständigkeit sind alle steuerlich relevanten Geschäftsvorfälle vollzählig und lückenlos aufzuzeichnen. Kein Geschäftsvorfall darf weggelassen, hinzugefügt oder anders dargestellt werden, als er sich tatsächlich ereignet hat. Jeder Geschäftsvorfall ist einzeln aufzuzeichnen und hinreichend zu erläutern, sodass seine Überprüfung nach Inhalt und Bedeutung möglich ist. Die Dokumentationspflicht umfasst neben dem Betrag, dem Datum, der Belegnummer und der konkreten Bezeichnung des Geschäfts auch, soweit zumutbar, den Namen des Geschäftspartners. Dies wird als Grundsatz der **Einzelaufzeichnung** bezeichnet. Dabei sind branchenspezifische Mindestaufzeichnungspflichten und Zumutbarkeitsgesichtspunkte zu beachten. So muss beispielsweise der Name des Kunden bei Bargeschäften von geringem Wert im Einzelhandel und im Dienstleistungsgewerbe oder bei Taxiunternehmen unter Zumutbarkeitsgesichtspunkten nicht zwingend erfasst werden.

» **Richtige und zeitgerechte Erfassung**

„Richtigkeit" bedeutet, dass die Geschäftsvorfälle inhaltlich zutreffend, also in Übereinstimmung mit den tatsächlichen Verhältnissen und den rechtlichen Vorschriften, durch Belege abgebildet und aufgezeichnet werden. Anders ausgedrückt: Sie dürfen in Ihrer Buchführung nicht täuschen. Die Beweiskraft Ihrer Buchführung ist umso größer, je enger Geschäftsvorfall, Belegablage sowie Buchung zeitlich zusammenliegen. Die zeitgerechte Erfassung dient der Vermeidung eines Missbrauchs, etwa, indem Belege in der „Schwebe" gehalten werden, um den Geschäftsvorfall später anders zu „gestalten", als er sich tatsächlich ereignet hat. Die GoBD nennen eine zeitliche Orientierung für eine ordnungsgemäße Erfassung. Danach ist nach bargeldlosen und baren Geschäftsvorfällen zu unterscheiden:

Unbare Geschäftsvorgänge sollen nach den Vorstellungen der Finanzverwaltung innerhalb von zehn Tagen erfasst werden. „Erfassen" im Sinne der GoBD bedeutet nicht schon die Erfassung im Buchhaltungsprogramm, sondern damit ist primär die manuelle Sichtung, Sortierung und Sicherung der Belege durch eine geordnete Ablage gemeint. Das bedeutet, dass bei einer zeitnahen und geordneten Belegablage (ob klassisch im Aktenordner oder elektronisch) und einer Belegsicherung vor Verlust und unberechtigtem Zugriff die Anforderungen der GoBD erfüllt sind. So ist unter diesen Voraussetzungen auch eine spätere periodenweise Verbuchung im Buchhaltungssystem (z. B. monatlich, vierteljährlich oder jährlich) zulässig – eine laufende Verbuchung ist nicht erforderlich. Bei **baren Geschäftsvorfällen**, also Kasseneinnahmen und Kassenausgaben, gilt die Regel der **täglichen Erfassung** zumindest in einem (elektronischen) Kassenbuch. Die Vorgaben an die Zeitgerechtigkeit lassen sich wie folgt systematisieren:

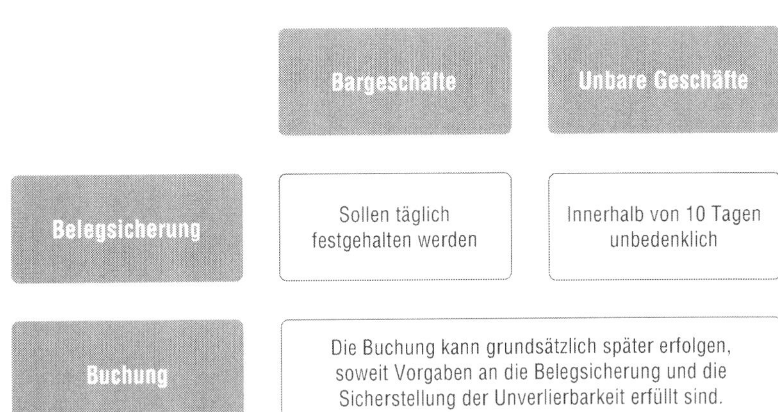

» **Ordnung**

Keine andere Institution steht sinnbildlich so stark für Ordnung wie das Finanzamt. Geschäftliche Unterlagen dürfen daher nach Ansicht der Finanzverwaltung nicht planlos gesammelt und aufbewahrt werden: Die berühmte „Schuhkarton-Buchhaltung" ist also nicht zulässig. Denn ein solch loses und ungeordnetes Sammeln von geschäftlichen Unterlagen führt mit zunehmender Zahl der Geschäftsvorfälle zur Unübersichtlichkeit der Buchführung und erhöht die Gefahr, dass Unterlagen verloren gehen.

> Die berühmte **„Schuhkartonablage"** – Karton auf, Beleg rein, Karton zu – ist nicht finanzamtskonform. Daran ändert auch ein größerer oder zweiter Schuhkarton nichts.

Nach dem Grundsatz der Ordnung sind die Geschäftsvorfälle eines Unternehmens systematisch, übersichtlich, eindeutig und nachvollziehbar festzuhalten. Grundsätzlich schreibt die Finanzverwaltung kein bestimmtes Ordnungsprinzip vor. Vielmehr macht sie Vorschläge für eine geordnete Ablage. Beispielsweise kann eine Ablage nach Zeitfolge, Sachgruppen, Kontenklassen, Beleggruppen oder alphabetisch erfolgen. In der Regel handelt es sich um eine Kombination aus mehreren Ordnungskriterien, z. B. sachliche Ordnung nach Beleggruppen (Ausgangsrechnungen, Eingangsrechnungen, Kasse) und innerhalb der Gruppen chronologische Sortierung. Um die Übersichtlichkeit der Buchführung zu bewahren, soll eine getrennte Erfassung von Geschäftsvorfällen nach Art der Zahlung und der umsatzsteuerlichen Behandlung erfolgen. Deshalb dürfen beispielsweise bare und unbare Geschäfte oder steuerpflichtige und steuerfreie Umsätze nicht ohne genügende Kennzeichnung einheitlich verbucht werden – diese Vorgänge sind getrennt voneinander zu verbuchen.

» **Unveränderbarkeit**

Aufgezeichnete Geschäftsvorfälle dürfen nicht verändert werden. Der ursprüngliche Inhalt muss feststellbar bleiben. Ab dem Zeitpunkt, an dem eine Aufzeichnung über einen Geschäftsvorfall „Belegfunktion" erlangt, also als Nachweis für die Buchführung dient, gilt der Grundsatz der Unveränderbarkeit, und zwar über den gesamten vorgeschriebenen Aufbewahrungszeitraum hinweg. Werden Geschäftsvorfälle nachträglich geändert, müssen die Änderungen immer protokolliert werden – die Änderungshistorie muss nachvollziehbar sein. Notwendige Änderungen dürfen nur so erfolgen, dass der ursprüngliche Inhalt feststellbar bleibt und die Tatsache (Kennzeichnung, dass eine Änderung stattgefunden hat) sowie die zeitliche Abfolge und Wirkung der Änderung erkennbar bleiben.

Unveränderbarkeit bedeutet nicht, dass keine Änderungen mehr zulässig sind, sondern vielmehr, dass diese erkennbar protokolliert werden.

Der Grundsatz der Unveränderbarkeit betrifft nicht nur das Belegwesen, sondern spielt insbesondere auch beim eingesetzten Datenverarbeitungssystem (DV-System) eine zentrale Rolle.

„Suche nicht nach Fehlern,
suche nach Lösungen.“

~ HENRY FORD ~

Einsatz von Software und Hardware (DV-System) gemäß GoBD

Mit Datenverarbeitungssystem (DV-System) ist die eingesetzte Hard- und Software gemeint, mit der Sie steuerrelevante Daten und Dokumente erfassen, erzeugen, verarbeiten, empfangen, übermitteln und speichern. Der Grundsatz, dass jede Buchung vollständig durch einen Beleg nachgewiesen werden muss („keine Buchung ohne Beleg"), gilt auch bei Einsatz eines DV-Systems. Den Begriff DV-System legt das Finanzamt weit aus. Nach Ansicht des Finanzamts sind nicht nur das Buchhaltungssystem (Hauptsystem), sondern auch Vor- und Nebensysteme einschließlich der Schnittstellen zwischen den Systemen für die Besteuerung von Bedeutung.

Für welche Systeme müssen die GoBD beachtet werden? Grundsätzlich gilt: Wenn in einem System steuerrelevante Belege (Daten mit Belegfunktion) anfallen, die einzeln oder in Summe Niederschlag in der Buchführung finden, kann davon ausgegangen werden, dass die GoBD bei der Nutzung dieses Systems beachtet werden müssen.

> Die GoBD sind für jedes elektronische System zu beachten, das in irgendeiner Art Daten für die Buchführung liefert.

Das können neben der Finanzbuchhaltung als Hauptsystem zum Beispiel auch Fakturierungsprogramme, elektronische Kassensysteme, Lohnbuchhaltungsprogramme oder Archiv- und Datenmanagementsysteme sein.

Beispiele für DV-Systeme	
» Finanzbuchführung	» Warenwirtschaftssystem
» Anlagebuchhaltung	» Archivsystem
» Lohnbuchhaltung	» Dokumentenmanagementsystem
» Fakturierung	» Zahlungsverkehrssystem
» Kassensystem	» Taxameter

» **Unveränderbarkeit**

Von besonderer Relevanz ist, dass die eingesetzten DV-Systeme revisionssicher sind, das heißt, sie müssen Daten unveränderbar speichern bzw. vorgenommene Änderungen protokollieren. Die zum Einsatz kommenden DV-Systeme müssen gewährleisten, dass alle Informationen, die einmal aufgenommen wurden, nicht mehr unterdrückt oder ohne Kenntlichmachung überschrieben, gelöscht, geändert oder verfälscht werden können. Die Unveränderbarkeit gilt auch für Stammdaten: Stammdaten mit Einfluss auf Buchungen oder IT-gestützte Aufzeichnungen müssen nachvollziehbar sein (insbesondere durch Protokollierung, Historisierung). Anders ausgedrückt: Alles, was der Benutzer in das System einträgt, muss von diesem auch dauerhaft so protokolliert werden, dass alle Be- und Verarbeitungsschritte später eindeutig nachvollzogen werden können.

Eine absolute Unveränderbarkeit der Daten und Belege lässt sich weder in der Papierwelt noch in der heutigen IT-Welt sicherstellen. Vielmehr geht es darum, durch organisatorische und technische Maßnahmen nachträgliche Änderungen so gut wie möglich zu verhindern.

Die Unveränderbarkeit der Daten kann auf folgende Arten bzw. durch eine Kombination der jeweiligen Maßnahmen gewährleistet werden:

» hardwaremäßig (z. B. mittels unveränderbarer, fälschungssicherer Datenträger),

» softwaremäßig (z. B. mittels Sicherungen, Sperren, automatischer Protokollierung, Versionierungen etc.),

» organisatorisch (z. B. mittels Zugriffsberechtigungen).

» **Datenschutz und -sicherheit**

Werden Ihre steuerrelevanten Daten nicht ausreichend geschützt und können sie deswegen im Rahmen einer Betriebsprüfung nicht mehr vorgelegt werden, so ist die Buchführung formell nicht mehr ordnungsmäßig. Übersetzt heißt das, Sie haben ein großes Problem. Damit Sie bei einer Prüfung nicht mit leeren Händen dastehen, müssen Sie Ihre DV-Systeme und die gespeicherten Daten gegen Verlust (Untergang, Diebstahl) und vor unbefugtem Zugriff schützen. Ein GoBD-konformes Datenverarbeitungssystem hat die Möglichkeit, Zugriffsrechte zu vergeben und Zugriffskontrollen einzurichten, um Ihre Daten vor unbefugtem Zugang und Missbrauch zu schützen. Durch Verwendung von systemseitigen Bearbeitungseinstellungen wie z. B. Anwenderberechtigungen, Schreibschutzmaßnahmen und Systemkontrollen soll gewährleistet werden, dass Dateien nicht versehentlich gelöscht werden können. Regelmäßiges Festschreiben von Daten und Speicherroutinen (Datensicherungskonzept) sind zum Schutz vor Datenverlust fest in den betrieblichen Ablauf zu integrieren.

» **Maschinelle Auswertbarkeit und Datenzugriff**

Die steuerrelevanten Daten müssen maschinell auswertbar sein, damit sie einfach und automatisiert dargestellt, überprüft und verarbeitet werden können. Der Hintergrund: Das

Finanzamt hat im Rahmen einer Betriebsprüfung das Recht, auf die mithilfe eines DV-Systems erstellten steuerlichen Daten und Dokumente zuzugreifen. Statt sich durch Berge von Belegen und Listen zu wühlen, bevorzugen Betriebsprüfer die Möglichkeit, die elektronischen Daten mittels einer modernen Prüfsoftware in Minutenschnelle auf Unstimmigkeiten zu untersuchen. Insofern müssen die steuerrelevanten Daten und Dokumente für Zwecke des maschinellen Datenzugriffs durch die Finanzverwaltung vorgehalten werden. Eine maschinelle Auswertbarkeit ist gegeben, wenn

» eine mathematisch-technische Auswertung,

» eine Volltextsuche,

» eine Prüfung im weitesten Sinne (z. B. Bildschirmabfragen, die Nachverfolgung von Verknüpfungen und Verlinkungen oder die Textsuche nach bestimmten Eingabekriterien)

möglich sind.

Das gilt nicht nur für Daten der Finanzbuchführung, sondern auch für alle Daten mit steuerlicher Relevanz aus den Vor- und Nebensystemen.

Der Datenzugriff kann auf drei Arten erfolgen:

» **Unmittelbarer Datenzugriff:** Der Finanzprüfer greift selbst auf das DV-System (z. B. Buchführungssystem) in Form eines „Nur-Lesezugriffs" zu.

» **Mittelbarer Datenzugriff:** Die Finanzbehörde kann auch verlangen, dass Sie oder ein Mitarbeiter die vom Prüfer gewünschten Daten und Auswertungen für ihn aus dem System ziehen, im Sinne einer reinen technischen Mithilfe.

» **Datenträgerüberlassung (Standard):** Standardmäßig wird der Prüfer einen Datenträger (USB-Stick o. Ä.) verlangen, auf den die maschinell auswertbaren Daten kopiert worden sind. Das hat für den Prüfer den Vorteil, dass er die Daten in seine vertraute IT-Umgebung einspielen und mit der Prüfsoftware der Finanzverwaltung auswerten kann.

„Nichts wissen ist keine Schande, wohl aber, nichts lernen wollen.“

~ SOKRATES ~

Revisionssichere Archivierung (Ihr Archiv)

Steuererklärungen erledigt! Super, endlich ab mit dem lästigen Steuerkram in den Papierkorb und kräftig die Löschtaste drücken. Ein befreiender Gedanke, aber so einfach geht es nicht. Denn Sie haben eine Aufbewahrungspflicht für alle steuerlich bedeutsamen Geschäftsunterlagen. Diese dienen später der Dokumentation und Beweissicherung für die Richtigkeit Ihrer Angaben in den Steuererklärungen, wenn etwa das Finanzamt im Rahmen einer Betriebsprüfung Ihre „Bücher" genauer unter die Lupe nimmt. Die Aufbewahrungspflicht gilt dabei für elektronische Dokumente und Dateien genauso wie für Papierdokumente.

Bei der Archivierung Ihrer steuerrelevanten Unterlagen gilt der **Grundsatz der formattreuen Archivierung**. Das bedeutet, Belege müssen in demselben Format aufbewahrt werden, in dem sie empfangen bzw. erzeugt wurden.

Als Grundsatz für rechtssichere Belegarchivierung gilt:

Jeder Beleg muss in seinem Ursprungsformat aufbewahrt werden.

» **Elektronische Dokumente**

Belege oder sonstige steuerrelevante Dokumente, die in elektronischer Form im Unternehmen eingehen (z. B. per E-Mail oder Download) oder elektronisch selbst erstellt werden, sind genau in dieser Form unverändert aufzubewahren. Der elektronische Beleg bzw. das Dokument repräsentieren dann den „Originalbeleg". Eine ausschließliche Aufbewahrung von originär digitalen Daten durch Papierausdruck ist nicht zulässig. Eine Ausnahme sehen die GoBD dann vor, wenn Programme als reine Schreibprogramme (vergleichbar mit der Schreibmaschine) genutzt werden. Wenn elektronisch erstellte Dokumente lediglich ausgedruckt und in Papierform versandt werden, muss keine zwingende elektronische Aufbewahrung erfolgen. Das heißt, eine bloße Aufbewahrung in Papierform ist dann ausreichend, wenn der IT-Einsatz ausschließlich als eine Art Schreibmaschine zur Dokumentenerstellung genutzt wurde.

Zurück zum Grundsatz: Originär elektronische Unterlagen sind grundsätzlich auch elektronisch aufzubewahren (z. B. Rechnungen im PDF- oder Bildformat). Eine Umwandlung in ein anderes Format (z. B. MSG in PDF) ist dann zulässig, wenn die maschinelle Auswertbarkeit nicht eingeschränkt wird und keine inhaltlichen Veränderungen erfolgen. Bei Einsatz eines DV-Systems, wie z. B. eines Fakturierungsprogramms, muss keine bildhafte Kopie der Ausgangsrechnung (z. B. in Form einer PDF-Datei) aufbewahrt werden, wenn jederzeit auf Anforderung ein entsprechendes Doppel der Ausgangsrechnung erstellt werden kann. Grundsätzlich können Sie die elektronischen Daten im verwendeten DV-System selbst oder in einem gesonderten Archiv aufbewahren. Wichtig ist, dass Sie die Daten bzw. elektronischen Dokumente so zur Verfügung stellen, dass die Daten während der gesamten Aufbewahrungsfrist lesbar bleiben und im Falle einer Betriebsprüfung ein reibungsloser Zugriff auf die Daten möglich ist.

| ***Office*-Formate:** Bei der Nutzung der bekannten Textverarbeitungsprogramme und Tabellenkalkulationen (egal, ob von *Microsoft* oder *Apple*) sind im Hinblick auf die Unveränderbarkeit ergänzende Maßnahmen zu ergreifen, wenn kein re-

visionssicheres Archiv eingesetzt wird. Der Hintergrund: Dateiformate wie *Word* oder *Excel* sind leicht abänderbar. Das heißt aber nicht, dass Sie diese Programme nicht benutzen dürfen. Durch Maßnahmen wie beispielsweise Verwendung von Schreibschutzmaßnahmen, Versionierungen, regelmäßige Sicherungen und eine ordentliche Verfahrensdokumentation lassen sich auch *Office*-Dateien weiternutzen. Nach Wunschvorstellung des Finanzamts ist es aber besser, wenn Sie die Dateien in ein weniger leicht änderbares Format (z. B. PDF) umwandeln und dieses zusätzlich aufbewahren.

» **Papierbelege**

Papier darf Papier bleiben, aber auch digitalisiert werden. Nach der Faustregel „Jeder Beleg ist in seinem Ursprungsformat aufzubewahren" müssen Papierbelege grundsätzlich als Papier archiviert werden. Bedenken Sie bei der Aufbewahrung von Thermobelegen, wie z. B. Tankquittungen, dass deren Halbwertszeit kurz ist. Von solchen Belegen machen Sie am besten Kopien, damit sie über die ganze Aufbewahrungsfrist lesbar bleiben.

Damit Sie aber nicht im Papierkram versinken, erlaubt die Finanzverwaltung, dass Papierdokumente durch „ersetzendes Scannen" digitalisiert, elektronisch gespeichert und anschließend vernichtet werden können.

| **Ersetzendes Scannen:** Ade, Papier! Das Finanzamt hat im Prinzip nichts dagegen, dass Sie Ihre Papierbelege digitalisieren, elektronisch archivieren und anschließend die Originalbelege an den Reißwolf verfüttern. Voraussetzung: Es muss sichergestellt sein, dass die digitalen Kopien dem Original entsprechen und diese unveränderbar archiviert bzw. Veränderungen dokumentiert werden. Zudem müssen Sie eine Verfahrensdokumentation erstellen, in der Sie die Arbeits- und Scanprozesse definieren und festhalten.

Diese regelt Folgendes:

» welche Papierdokumente gescannt werden,

» wer in Ihrem Unternehmen scannen darf,

» zu welchem Zeitpunkt gescannt wird (zum Beispiel sofort nach Posteingang),

» wie Sie die Vollständigkeit und Lesbarkeit des Scans kontrollieren (Qualitätskontrolle),

» welche IT zum Scannen eingesetzt wird.

Praxistipp: Falls Sie nicht alle Anforderungen an das ersetzende Scannen erfüllen, empfiehlt es sich, alle papierenen Belege nach dem Scannen unsortiert in eine Aufbewahrungsbox zu werfen und dort aufzubewahren. Für den unwahrscheinlichen Fall, dass ein Prüfer nach dem papierenen Originalbeleg fragt, können Sie diesen mit einem vertretbaren Aufwand in der Box suchen.

Ein Muster für eine **Verfahrensdokumentation zum ersetzenden Scannen** finden Sie zum Download auf www.startschuss-digital.de.

» **Ordnungssystem**

Die aufbewahrungspflichtigen Unterlagen müssen geordnet archiviert werden. Der Grundsatz der Ordnung gilt sowohl für die Buchungen als auch für die Aufbewahrung der dazugehörigen Dokumente. Ein bestimmtes Ordnungssystem schreibt die Finanzverwaltung nicht vor. Die Ablage kann z. B. nach Zeitfolge, Sachgruppen, Kontenklassen, Belegnummern oder alphabetisch erfolgen. In der Praxis besteht das Ordnungssystem meist aus einer Kombination mehrerer Ordnungskriterien. Es muss sicherstellen, dass ein sachverständiger Dritter jederzeit in der Lage ist, es innerhalb einer angemessenen Zeit zu prüfen. Die GoBD fordern daher neben der formattreuen und unveränderbaren Archivierung elektronischer Unterlagen, dass das Ordnungssystem durch Indexierung gut überschaubar ist. Das bedeutet: Alle Daten sollen mittels einer nachvollziehbaren Benennungsstruktur identifizierbar und klassifizierbar archiviert werden. Hierdurch soll eine eindeutige Zuordnung zum jeweiligen Geschäftsvorfall bzw. eine gegenseitige Verknüpfung von Daten (z. B. Buchungssatz und Beleg) ermöglicht werden. Die Suche nach bestimmten Dokumenten soll so erleichtert werden. Die Indexierung sollte mindestens durch ein **identifizierendes Merkmal** (z. B. Kundenname, Kunden-Nr., Rechnungs-Nr.), ein **klassifizierendes Merkmal** (z. B. Dokumentart, Schlagworte zum Inhalt) und ein **Datumsfeld** (z. B. Rechnungsdatum) erfolgen. Übersetzt heißt das, Sie dürfen nicht planlos aufbewahren, sondern müssen mit System und nachvollziehbaren Dateibezeichnungen archivieren. Ein Betriebsprüfer muss sowohl das Ordnungssystem als auch die Bezeichnungen nachvollziehen können. Er muss mit einer Such- und Filterfunktion alle Belege schnell auffinden können.

Ein DMS (Dokumentenmanagementsystem) stellt hierzu die fertige Lösung aus einer Hand dar, mit der sowohl der Grundsatz der Nachprüfbarkeit von Änderungen bzw. der Unveränderbarkeit als auch die Vorgabe der Indexierung erfüllt werden können. Ein DMS fungiert als Datencontainer, der Daten revisionssicher aufbewahrt und zugleich über eine detaillierte Suchfunktion verfügt. Mit Ablage der Datei im DMS erfolgt schon eine eindeutige Dateibenennung und Zuordnung zu verschiedenen Dokumententypen (z. B. Eingangsrechnung, Korrespondenz) inklusive finanzamtskonformer Speicherung.

Muss ich meine elektronischen Dokumente mittels eines DMS archivieren oder ist auch eine Ablage auf Dateisystemebene möglich?

Die Ablage in einem Dateisystem (z. B. Pfad-Ebene im *Windows*-Betriebssystem) ist grundsätzlich möglich, erfordert jedoch ergänzende technische und organisatorische Maßnahmen, um die Beweiskraft der elektronischen Dokumente zu erhalten. Dies kann beispielsweise durch eine Maßnahmenkombination aus regelmäßigen Sicherungen, Zugriffsschutz auf die Ablageorte auf dem Rechner bzw. in der Cloud, Verwendung von Schreibschutzmaßnahmen und Erstellung einer Verfahrensdokumentation erfolgen. Entsprechendes gilt für die reine Aufbewahrung von steuerrelevanten E-Mails innerhalb des Mail-Systems – auch hier sind zusätzliche Sicherungsmaßnahmen zu ergreifen.

Am besten sichern Sie Ihre elektronischen Daten in regelmäßigen Abständen auf einem Datenträger, der technisch gegen Änderungen geschützt ist. Für kleine Unternehmen ist beispielsweise die regelmäßige, mindestens jedoch jahresweise Speicherung der Daten als ZIP-Archiv auf einer CD-ROM oder DVD eine praktikable Lösung.

Die elektronischen Daten können Sie grundsätzlich auch mithilfe einer Cloudlösung ordnungsgemäß aufbewahren, vorausgesetzt, der Speicherstandort ist in Deutschland. Ist der Serverstandort im Ausland, müssen Sie vorab beim Finanzamt eine Genehmigung beantragen.

Rechtssichere E-Mail-Archivierung. Buchen Sie bei Ihrem E-Mail-Anbieter die Option rechtssichere E-Mail-Archivierung hinzu. Dann werden sämtliche E-Mails – egal, ob empfangen oder gesendet – in ihrem Originalzustand inklusive Anhänge automatisch in einem zentralen E-Mail-Archiv in einem deutschen Rechenzentrum unveränderbar gesichert. Haben Sie versehentlich eine E-Mail aus Ihrem Postfach gelöscht, ist sie dennoch im zentralen Archiv enthalten und kann jederzeit wiederhergestellt werden. Um den betrieblichen Datenschutz zu gewährleisten, sollten Sie dabei beachten, dass nur berechtigte Personen Zugriff auf das zentrale E-Mail-Archiv haben.

» **Aufbewahrungsfrist**

Als Aufbewahrungsfrist für Buchungsunterlagen, Inventare, Jahresabschlüsse usw. wie auch für wichtige Organisationsunterlagen sind 10 Jahre gesetzlich vorgesehen. Für alle anderen bedeutsamen Unterlagen gilt eine Aufbewahrungsfrist von 6 Jahren, etwa für Geschäftsbriefe oder E-Mails. In der Praxis ist die richtige Abgrenzung der Unterlagen oft schwierig. Nicht jeder Brief ist ein Geschäftsbrief, nicht jeder Beleg ein Buchungsbeleg. Als Hilfestellung finden Sie im Downloadbereich ein beispielhaftes ABC der Aufbewahrungsfristen. Im Zweifel gilt: Vorsorgliche Aufbewahrung schützt vor kostenträchtiger Nacherstellung – etwa bei Bankauszügen –, vor Zuschätzung oder Betriebsausgabenkürzung durch das Finanzamt mangels Belegnachweis.

Beginn und Ende der Aufbewahrungsfrist

Die Aufbewahrungsfrist beginnt erst am Ende des Kalenderjahrs, in dem der Beleg oder das entsprechende Dokument entstanden ist, also quasi mit dem Knallen der Silvesterböller. Maßgebend für den Fristbeginn der Buchführungsunterlagen ist der Zeitpunkt, in dem die letzte Buchung vorgenommen wurde, also regelmäßig das Jahr der Bilanzaufstellung.

| **Aufgepasst:** Damit im laufenden Prüfungsverfahren das Finanzamt nicht unerwartet vor einem „Datenschwund" steht, verlängert sich die Frist von 6 bzw. 10 Jahren automatisch bis zu dessen Abschluss. Ein solches Vernichtungsverbot gilt etwa für laufende Betriebsprüfungen, Einspruchsverfahren oder gar für steuerstraf- bzw. bußgeldrechtliche Ermittlungsverfahren.

Welche Unterlagen müssen Unternehmen aufbewahren?

10 Jahre	6 Jahre
» Bücher und Aufzeichnungen » Inventare » Jahresabschlüsse, Lageberichte » Eröffnungsbilanz sowie die zu ihrem Verständnis erforderlichen Arbeitsanweisungen und sonstigen Organisationsunterlagen » Buchungsbelege » Unterlagen nach Artikel 15 Abs. 1 und Artikel 163 des Zollkodex	» Empfangene Handels- oder Geschäftsbriefe » Wiedergaben der abgesandten Handels- oder Geschäftsbriefe » Sonstige Unterlagen, soweit sie für die Besteuerung von Bedeutung sind

Verfahrensdokumentation

Die Verfahrensdokumentation ist nach Ansicht der Finanzverwaltung erforderlich, um die zentralen Grundsätze der GoBD – Nachvollziehbarkeit und Nachprüfbarkeit – zu erfüllen. Sie dient insbesondere dazu, dass sich ein sachverständiger Dritter, also etwa ein Betriebsprüfer, innerhalb einer angemessenen Zeit einen Überblick verschaffen kann.

Die Verfahrensdokumentation beschreibt die organisatorischen und technischen Strukturen und Prozesse von der Belegentstehung über die Verbuchung bis zur Archivierung. Sie erläutert, wie Dokumente und Daten entstehen, verarbeitet und gespeichert werden, wie man sie wiederfinden und auswerten kann und wie sie gegen Verlust und Verfälschung abgesichert werden.

In der Regel besteht die Verfahrensdokumentation aus den vier Teilbereichen:

- » allgemeine Beschreibung,
- » Anwenderdokumentation,
- » technische Systemdokumentation,
- » Betriebsdokumentation.

Der Umfang der Dokumentation ist abhängig von der Größe des Betriebs, der Organisationsstruktur sowie den eingesetzten Datenverarbeitungssystemen.

| **Wichtig:** Die Verfahrensdokumentation beschränkt sich nicht nur auf die eingesetzten Programme zur Buchführung, sondern betrifft alle Programme, in denen steuerrelevante Belege anfallen, zum Beispiel Fakturaprogramme, Kassensysteme, DMS und andere.

Welche Informationen muss die Verfahrensdokumentation bereitstellen?

Die Verfahrensdokumentation sollte die folgenden Fragen zu Ihrem Unternehmen, der Belegorganisation und Buchführung beantworten:

» Was ist der Unternehmenszweck? Was wird produziert bzw. welche Dienstleistungen werden angeboten? Wer hat welche Aufgaben im Unternehmen und wie sind die genauen Unternehmensabläufe strukturiert?

» Wie werden Dokumente und Daten erfasst, verarbeitet, archiviert und letztlich vernichtet? Wie erfolgt die Verarbeitung von digitalen Belegen und Papierbelegen? Wie und wo erfolgt die Archivierung?

» Welche Programme werden im Unternehmen genutzt, die für die Besteuerung relevant sind? Sind die Bedienungsanleitungen, Handbücher und Programmierprotokolle der Hersteller vorhanden?

» Wer darf auf diese Programme zugreifen? Wie werden diese genutzt? Werden Zugriffsberechtigungen protokolliert?

» Welche Maßnahmen werden getroffen, um die erfassten Dokumente und Daten vor Verlust und Änderung zu schützen?

» Welche internen Kontrollen gibt es, um sicherzustellen, dass die GoBD eingehalten werden (internes Kontrollsystem)?

Wird eine Verfahrensdokumentation geändert, muss die Änderung versioniert werden und die bisherige Version verfügbar bleiben.

Was ist, wenn keine Verfahrensdokumentation vorhanden ist?

Kein Grund zur Panik. Wenn ein Unternehmen keine oder keine ausreichende Verfahrensdokumentation vorlegt, bedeutet das nicht, dass der Betriebsprüfer die „große Keule" auspacken und die Ordnungsmäßigkeit der Buchführung infrage stellen kann. Die GoBD sehen in einer fehlenden oder unzureichenden Dokumentation keinen formellen Mangel mit sachlichem Gewicht. Das heißt: Unter der Voraussetzung, dass die Nachvollziehbarkeit der Buchführung und aller Unterlagen gegeben ist, drohen keine „ernsten" Folgen – eine fehlende Verfahrensdokumentation ist kein Grund für eine Hinzuschätzung.

„Wer nicht mutig genug ist, Risiken einzugehen,
wird es im Leben zu nichts bringen.“

~ MUHAMMED ALI ~

Welche Folgen drohen, wenn die GoBD nicht eingehalten werden?

Getrieben von verkaufshungrigen Softwareherstellern und anderen Profiteuren geistert bei vielen Selbstständigen das Schreckgespenst herum, dass bei nicht hundertprozentiger Einhaltung der GoBD drakonische Strafe drohen. Geschichten von einer vollständigen Verwerfung der Ordnungsmäßigkeit der Buchführung, Hinzuschätzungen und schließlich hohen Steuernachzahlungen machen vielfach die Runde. Von manchen Seiten wird eine regelrechte Panikmache betrieben. Natürlich hat auch das Finanzamt ein Eigeninteresse, diesen Schreckensgeschichten nicht den Garaus zu machen. Schaut man aber genauer hin, verliert das Schreckgespenst seine Spukkraft und die Geschichte ist tatsächlich nicht so düster, wie Sie erzählt wird. Das Finanzamt ist viel verständnisvoller und toleranter als sein Ruf.

Sie können sich also beruhigen: Nur in extremen Fällen kommt es zu den oft erzählten drakonischen Strafen. In der Regel haben diese Fälle eine Vorgeschichte, in der die Grenze der Steuerehrlichkeit überschritten wurde und die Steuerpflichtigen ihren Vertrauensvorschuss verloren haben. Wenn das Finanzamt feststellt, dass Sie nicht 100 % GoBD-konform arbeiten, bedeutet das nicht, dass der Betriebsprüfer die alles vernichtende „Keule" der Hinzuschätzung schwingen darf. Mal ehrlich: Glauben Sie wirklich, ein Betriebsprüfer brummt Ihnen eine Steuernachzahlung von mehreren Tausend Euro auf, weil Sie Ihre Ausgangsbriefe in *Word* schreiben und Ihre Reisekostenabrechnung mit *Excel* machen? Allein die Tatsache, dass Sie leicht veränderbare Formate wie *Word* oder *Excel* einsetzen, bedeutet nicht, dass Sie unter Generalverdacht gestellt werden können. In Krimis heißt es immer so schön: „Es gilt die Unschuldsvermutung." Die Unschuldsvermutung erfordert, dass der einer Straftat Verdächtige nicht seine Unschuld, sondern die Ermittlungsbehörden seine Schuld beweisen müssen.

Kein DMS im Einsatz, Ihre E-Mails im E-Mail-Account speichern, Ihre Reisekostenabrechnung mit *Excel* erstellen, keine Verfahrensdokumentation oder Ihre per E-Mail erhaltene Telekom-Rechnung nur als Papierausdruck aufbewahren – das sind alles kleine formelle Mängel ohne sachliches Gewicht. Stimmt die Buchhaltung inhaltlich, können Sie die Buchungen mit Belegen nachweisen und ist Ihr Ordnungssystem nachvollziehbar, dann haben Sie nichts zu befürchten. Geringe formelle Mängel berechtigen das Finanzamt noch nicht zu einer Schätzung; erst grobe Fehler bzw. die Gesamtheit verschiedener Mängel führen zu Hinzuschätzungen. Zudem dürfen die Schätzungen des Finanzamts nicht willkürlich sein oder den Charakter von Strafschätzungen haben, sie müssen immer in einer realistischen Bandbreite liegen. Anders ausgedrückt: Der Finanzbeamte darf nicht einfach nach Lust und Laune schätzen, um den Steuerpflichtigen zu bestrafen, sondern er muss möglichst realistisch schätzen, welche Auswirkungen die festgestellten Mängel auf das steuerliche Ergebnis haben. Fehlerhafte Teile der Buchführung rechtfertigen ausschließlich für den fragwürdigen Bereich eine Teilschätzung. Das Ergebnis der weiteren Buchführung darf nicht verworfen werden. Das heißt: Bemängelt der Prüfer, dass Sie Ihre Reisekostenabrechnungen nicht ordnungsgemäß aufgezeichnet haben, dann kann er daraus keine Hinzuschätzung von Einnahmen ableiten, sondern allenfalls bei den Reisekosten den Rotstift ansetzen.

Klar ist: Keiner sucht Ärger mit dem Finanzamt. Aber bei allem Harmoniebedürfnis sollten Sie als Unternehmer auch die Wirtschaftlichkeit im Blick behalten. Nach einer Studie der DIHK („Buchführung in Zeiten der Digitalisierung") empfinden insbesondere kleine Betriebe die Anforderungen der GoBD als überzogen und sehen darin eine erhebliche administrative und finanzielle Mehrbelastung. Die Folge: für viele eine Lähmung im täglichen Geschäft. Wenn Sie, um die Wunschvorstellungen des Finanzamts hundertprozentig zu erfüllen, mehr Zeit mit Verwaltungsarbeiten verbringen als mit Ihrem operativen Geschäft, dann ist das betriebswirtschaftlich grob fahrlässig. Hören Sie auf, zu früh den Tod der Schönheit zu sterben. Manchmal muss man ein bisschen Risiko eingehen, damit die Wirtschaftlichkeit stimmt. Das muss jedoch jeder für sich selbst entscheiden. Das Finanzamt hat auch nichts davon, wenn Sie in „Schönheit sterben" – im Gegenteil, es ist daran interessiert, dass Sie möglichst viel Gewinn erzielen und somit viele Steuern zahlen.

Wenn Sie die in diesem Buch vorgeschlagene Organisation Ihres digitalen Büros befolgen, arbeiten Sie einerseits smart und wirtschaftlich und brauchen andererseits keine Angst vor dem Finanzamt zu haben.

Zusammenfassung Teil IV

- » Ob Soloselbstständiger oder Großkonzern, für die Buchführung jedes Unternehmers gelten die GoBD: die „Grundsätze zur ordnungsmäßigen Führung und Aufbewahrung von Büchern, Aufzeichnungen und Unterlagen in elektronischer Form sowie zum Datenzugriff" des Finanzamts. Sie legen fest, wie steuerrelevante Belege erfasst, verbucht und archiviert werden sollen und welche Anforderungen die dafür eingesetzte EDV erfüllen muss.
- » Da ist viel zu beachten: Jeder Geschäftsvorfall muss nachweisbar sein (keine Buchung ohne Beleg), für steuerrelevante Belege gelten Aufbewahrungsfristen, die Aufbewahrung muss unveränderbar und formattreu erfolgen, also digitale Belege digital, Papierbelege analog – Letztere dürfen zwar ersatzweise gescannt werden, aber nur unter strengen Dokumentationsauflagen –, die Zuordnung des Belegs zur Buchung muss durch ein Ordnungssystem nachvollziehbar sein – und der gesamte organisatorische und technische Prozess von der Belegentstehung über die Verbuchung bis zur Archivierung muss in einer Verfahrensdokumentation beschrieben sein. Ein teures Dokumentenmanagementsystem nimmt Ihnen das alles ab, ist aber nicht Pflicht.
- » Und wenn Ihre Buchführung nicht alle Vorgaben erfüllt? Brauchen Sie trotzdem keine Panik vor dem Schreckgespenst „Betriebsprüfung" zu haben. Wenn die Buchhaltung inhaltlich stimmt, Belege und ein nachvollziehbares Ordnungssystem vorhanden sind, haben Sie nichts zu befürchten: Das Finanzamt ist wohlwollender als sein Ruf.

Der Autor

Diplom-Kaufmann **Andreas Görlich** ist Steuerberater, Gründungsberater und Dozent für Existenzgründerseminare mit einer ambitionierten Mission: dem „steuerlichen Laien" die staubtrockene und vermeintlich komplizierte Welt der Buchungssätze und Steuerparagrafen verständlich und auf erfrischende Art zu vermitteln. Im Rahmen seiner Beratungs- und Dozententätigkeit hat er bereits mehr als 1.000 Existenzgründer auf dem Weg in die Selbstständigkeit begleitet.

Seine Steuerratgeber begeistern bereits Zehntausende Leser!

„Steuern, aber lustig!“

Wenn Sie **frei von Juristendeutsch** und **unterhaltsam statt bierernst** lernen wollen, wie Sie Ärger mit dem Finanzamt vermeiden und nie mehr einen Euro ans Finanzamt verschenken, dann ist **„Steuern, aber lustig!"** für Sie die richtige Wahl!

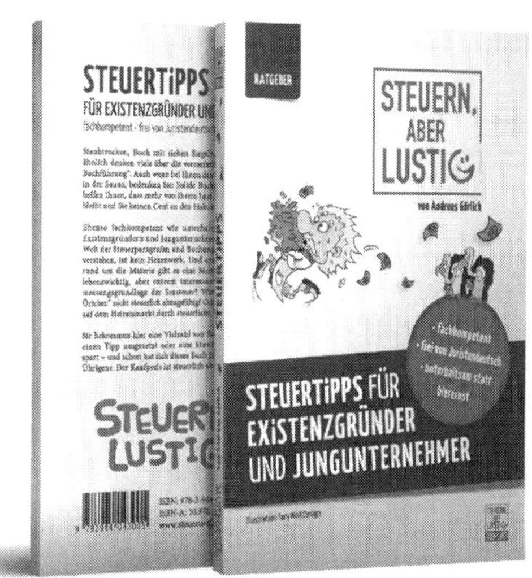

Mehr als 10.000 Selbstständige vertrauen bereits auf den **STEUERKLASSIKER!**

- » Sie bekommen Steuerwissen frei von Juristendeutsch vermittelt, ohne Paragrafen und Gesetzestexte lesen zu müssen.
- » Sie erhalten statt grauer Theorie eine Vielzahl von praxistauglichen Tipps.
- » Mehr von Ihrem hart verdienten Geld landet in Ihrem Geldbeutel anstatt in der Kasse des Finanzamts.

„Steuerwissen2go“

Investieren Sie nur zwei Stunden Lesezeit in den Ratgeber **„Steuerwissen2go"** und die Unternehmensbesteuerung bleibt für Sie nicht länger ein Buch mit sieben Siegeln.

Auch als Hörbuch erhältlich

In dem Crashkurs lernen Sie – **auch ohne Vorkenntnisse** – alles, was Sie brauchen, damit keiner Ihrer hart verdienten Euros mehr aus Versehen an das Finanzamt wandert. Sie bekommen alles Wissenswerte erklärt rund um

- » Einnahmen-Überschuss-Rechnung,
- » Umsatzsteuer (inklusive Kleinunternehmer-Regelung),
- » Gewerbesteuer,
- » Einkommensteuer.

Sie lernen, wie Sie Betriebsausgaben (z. B. Geschäftswagen, Arbeitszimmer, Bewirtungen, Reisekosten, Geschenke) richtig von der Steuer absetzen. Das erforderliche Grundwissen bekommen Sie gut **VERSTÄNDLICH** und **PRAXISNAH** präsentiert.

Platz für Ihre Notizen

Platz für Ihre Notizen

Platz für Ihre Notizen

Platz für Ihre Notizen

Platz für Ihre Notizen

Printed in Poland
by Amazon Fulfillment
Poland Sp. z o.o., Wrocław